U0303650

汉译世界学术名著丛书

自然与希腊人
科学与人文主义

〔奥〕埃尔温·薛定谔 著

张卜天 译

Erwin Schrödinger

NATURE AND THE GREEKS

SCIENCE AND HUMANISM

Canto edition of *Nature and the Greeks* and
Science and Humanism with a foreword by Roger Penrose

埃尔温·薛定谔(1887—1961)

汉译世界学术名著丛书
出 版 说 明

我馆历来重视移译世界各国学术名著。从 20 世纪 50 年代起，更致力于翻译出版马克思主义诞生以前的古典学术著作，同时适当介绍当代具有定评的各派代表作品。我们确信只有用人类创造的全部知识财富来丰富自己的头脑，才能够建成现代化的社会主义社会。这些书籍所蕴藏的思想财富和学术价值，为学人所熟悉，毋需赘述。这些译本过去以单行本印行，难见系统，汇编为丛书，才能相得益彰，蔚为大观，既便于研读查考，又利于文化积累。为此，我们从 1981 年着手分辑刊行，至 2018 年年底已先后分十七辑印行名著 750 种。现继续编印第十八辑，到 2019 年年底出版至 800 种。今后在积累单本著作的基础上仍将陆续以名著版印行。希望海内外读书界、著译界给我们批评、建议，帮助我们把这套丛书出得更好。

商务印书馆编辑部

2019 年 7 月

目　　录

前　　言

罗杰·彭罗斯(Roger Penrose)

我还清楚地记得大约40年前阅读埃尔温·薛定谔(Erwin Schrödinger)的小册子《科学与人文主义》的情形，当时我还是剑桥大学的一名研究生。此书对我后来的思想产生了很大影响。而《自然与希腊人》虽然基于稍早前的讲演，出版时间却要晚一些。我必须承认，当时我并没有看到。直到最近我才第一次读它，觉得非常出色，文字同样优雅和有力度。

这两本书放在一起很协调。其主题密切相关，关注的都是实在的本性以及自古以来人类如何感知实在。两本书的文字都很优美，使我们得以领略20世纪最深刻的思想家之一的某些洞见。薛定谔不仅是一位伟大的物理学家，提出了以他的名字命名的方程(根据量子力学原理，薛定谔方程支配着所有物质基本组分的行为)，而且对哲学问题、人类历史和其他许多具有社会意义的议题都做过深入思考。

在这两部著作的开篇，薛定谔都讨论了一些与科学和科学家在社会中的角色有关的社会议题。他明确指出，尽管科学无疑对现代社会产生了深刻影响，但这种影响绝非从事科学的真正原因，而且这种影响本身是否总是正面的也并不清楚。然而，他的主要目的并非仅仅讨论这类议题。他主要关心的是物理实在的本性以及人相对于这种“实在”的位置，关心的是历史上的大思想家是如何处理这些议题的。薛定谔显然认为，研究古代历史不应只是出于对事实的好奇，也不应仅仅关注现代思想的起源。在《自然与希腊人》中，他对古代哲学家/科学家的观点作了引人入胜和富有洞见的研究，这清楚地表明，在他看来，虽然现代科学所取得的进展无疑远远超过了希腊人，但我们仍然可以从希腊人的洞见和思路中直接获得启发。关于“我从何处来，又往何处去”这一最深的问题，我们真的已经取得进步了吗？薛定谔显然认为没有，尽管他似乎仍然乐观地相信，我们将来或许能对这些问题有一些真正的洞见。

viii

薛定谔本人是这场以自然的最小成分来理解自然的革命性转变的主要发动者之一，因此他很能理解，相比于他之前的物理学家和哲学家的观点，这一转变的重要性何在。此外，从我个人看来，薛定谔和爱因斯坦关于量子力学更加“客观”的哲学观点远远胜于海森伯（Heisenberg）和玻尔（Bohr）的“主观”观点。虽然常有人说，量子物理的巨大成功使我们怀疑分子、原子及其粒子组分这样的量子层次是否有一种“客观实在”，但极为精确的量子形式系统（quantum formalism，本质上意味着薛定谔方程）却向我们表明，必定存在着一种量子层次的“实在”（尽管是我们不熟悉的一种实在），从而有“某种东西”能被该形式系统精确地描述。

然而，这个形式系统本身所揭示的量子层次的实在完全不同于我们在日常宏观尺度所经验的实在。薛定谔以高明的手法为我们描绘了一幅关于那种实在的图像。由40年前对《科学与人文主义》的阅读，我还清楚地记得薛定谔讲过一件事情：他小时候有一个丹麦大狗形状的铁镇纸，纳粹入侵时把它忘在了奥地利。多年以后，他重新找回了那个镇纸。这个镇纸与他原来拥有的是同一个，这样说是什么意思呢？赋予它的任何个体粒子以“同一性”是毫无意义的。薛定谔指出了一种明显的讽刺。自两千多年前的留基伯(Leucippus)和德谟克利特(Democritus)以来，一直有一种基本观念认为，物质是由基本的个体单元构成的，各个单元之间存在着空隙。然而，这本质上是一个假设，它所基于的是可接受性各不相同的间接证据。而正当物质原子论本性的第一个*直接*证据开始出现时(比如在威尔逊云室以及其他实验设备中)，量子理论拆了我们的台。该理论为我们揭示的粒子根本不像我们期待的如坚硬的谷粒那样，而是以无法理解的方式铺展开来；更糟糕的是，它们根本没有个体性！ ix

在薛定谔时代所认知的粒子如今地位又如何呢？电子仍被认为不可分，但属于一个被统称为“轻子”的更大的粒子家族。而质子并非不可分，它是由名为“夸克”的更小单元构成的。现代粒子物理学正是用这些新的成分(夸克、轻子、胶子)来描述的，它们是所谓物质“标准模型”的基本组分。在这个模型中，夸克和轻子被视为没有结构的点状粒子。这些是否就是自留基伯和德谟克利特时代以来物理学家一直在寻求的真正的原子成分呢？

我怀疑，今天的许多物理学家都不会坚信这种看法。一种流行的思路是把希望寄托于*弦理论*，该理论认为，基本单元根本不是点状的，而是被称为“弦”的小环。然而，它们远远小于现代实验技巧目前所能达到的尺度。最近一些实验表明，在比弦理论的要求大得多的尺度上，夸克有可能显示出结构——这与标准模型所预期的点状物截然相反。不过，在得到进一步确证或否证之前，下这样的结论必须谨慎。尽管如此,我们完全可以预料,人类距离最终解决这些问题还很遥远。

此外,在这两本书中,薛定谔对我们时空图景的实际连续性感到深深的困惑。根据量子理论,物质粒子的状态可以发生不连续的跃迁。薛定谔试图把这种奇异行为与个体粒子应当保持某种基本的同一性这一合意特征调和起来,在此过程中他萌生了这样的想法:不连续的应当是空间本身,而不是粒子。这里我不禁要指出,今天我们知道,量子粒子行为的这种"奇异性"比薛定谔时代所想象的更为离奇。1935年,(作为爱因斯坦、波多尔斯基[Podolsky]和罗森[Rosen]工作的继续)薛定谔本人已经指出了量子纠缠这一令人困惑的现象。这种现象表明,在由不止一个粒子构成的系统中,个体粒子实际上并不是个体的,而应被视为构成了一个不可分的整体。20世纪60年代中期,约翰·贝尔(John Bell)表明,对这种纠缠可以作实际的直接测量,在我看来,它对我们实在图景的影响还没有完全弄清楚。

薛定谔以非凡的洞见追溯到古希腊时代,试图考察我们今天关于时空连续性的牢固信念背后的原因。他思考了数学家们经历数个世纪最终描绘出的连续性图景,并且指出了这种图景令人困惑的、几乎悖谬的本性。前面我曾提到,薛定谔对我本人的思想产生过重大影响。当时我的确认为,时间与空间从根本上讲并非它们"看起来"的那样(也许它们本身是离散的而非连续的),薛定谔的著作对我影响甚大。我花了很多时间试图构建一种理论,使空间观念能够产生于一套完全离散的组合结构。虽然这些尝试在一定意义上取得了成功,但其背后数学构想的一步步推进却把我们引向了由复数($\sqrt{-1}$ 在其中起重要作用的数)提供的极为优雅的连续性形式。复数是量子力学的基础($\sqrt{-1}$ 直接出现在薛定谔方程中),是我精心构造的“扭量理论”(twistor theory)的基础,也是弦理论的基础。此外,复数也是最深奥的数论结果的基础(比如在怀尔斯[Wiles]最近对费马[Fermat]最后定理的证明中),而数论是离散数学的缩影。或许,令薛定谔颇感困惑的物理学中离散与连续的矛盾可以在复数中得到解决。只有时间能给出答案。

1996 年 3 月

自然与希腊人

希尔曼讲座(Shearman Lectures),

1949 年 5 月 24 日、26 日、28 日和 31 日

于伦敦大学学院

献给我的朋友 A. B. CLERY，

感谢他的宝贵帮助

第一章　为什么要回到古代思想

3

1948年年初，我决定开设一门公众讲座课程，讨论这里涉及的主题。当时，我仍然感到迫切需要以足够的解释和辩护作为那些讲座的开场白。我那时（在都柏林大学学院）所阐述的内容成了这本小书的一部分。我根据现代科学的观点补充了一些评论，还简要阐述了我所认为的现代科学世界图景所特有的基本特征。把这些特征追溯到西方哲学思想的最早阶段，以证明它们是历史的产物（而不是逻辑上的必然），这是我详述这些早期哲学思想的真正目的。但正如我所说，我的内心确实有些不安，特别是因为那些讲座是我作为一个理论物理学教授的职责。需要说明的是（尽管我当时并非完全确信），花时间叙述和评论古希腊思想家的观点，并不是我近来培养的业余爱好；从专业角度看，做这样的事并非浪费时间，并非只有闲暇时才应当做。人们希望对现代科学以及现代物理学有所理解，便可证明这样做是正当的。

4

几个月后，当我5月份在伦敦大学学院就同一主题进行讲演时（希尔曼讲座，1948年），我已经感觉自信多了。我发现特奥多尔·贡佩茨（Theodor Gomperz）、约翰·伯内特（John Burnet）、西里尔·贝利（Cyril Bailey）、本杰明·法灵顿（Benjamin Farrington）等研究古代哲学的著名学者的著作可以为我提供很大支持（后面我将会引用他们的一些意味深长的观点），我很快便意识到，相比于那些以恩斯特·马赫(Ernst Mach)为榜样并且对其劝诫做出响应的科学家,我之所以更深地投入到大约两千年的思想史中,可能既非出于偶然,亦非出于个人偏好。我绝非被一种奇特的冲动所驱使,而是像经常发生的那样,被植根于我们时代思想状况的一种思潮不知不觉地推动着。事实上,短短一两年就已经有几本书出版,其作者并非古典学者,他们主要是对当今的科学思想和哲学思想有兴趣;但其著作中有相当一部分学术工作是在详细考察现代思想在古代文献中的最早根源。比如已故的著名天文学家和物理学家詹姆斯·金斯(James Jeans)爵士的遗著《物理科学的发展》(*Growth of Physical Science*),他以其出色而成功的普及工作而为公众所知。还有伯特兰·罗素(Bertrand Russell)精彩的《西方哲学史》(*History of Western Philosophy*),对于它的各种优点,我这里无须详述也无法详述;我只是希望大家注意,罗素是作为研究现代数学和数理逻辑的哲学家而开始其辉煌的职业生涯的。这些著作中的每一本都用了大约三分之一的篇幅来讨论古代。大约在同一时间,安东·冯·默尔(Anton von Mörl)从因斯布鲁克寄给我一本他写的类似主题的书,名为《科学的诞生》(*Die Geburt der Wissenschaft*)。默尔既不是研究古代的学者,也不是科学家或哲学家。希特勒入侵奥地利时,他不幸正在担任蒂罗尔(Tirol)的警察局局长(Sicherheitsdirector),并因此罪名而在集中营里饱受折磨多年,不过最后幸存了下来。

如果我把这称为我们时代的一般趋向是正确的,那么自然会引出一些问题:它是如何产生的?其原因是什么?它到底意味着什么?这些问题几乎无法得到彻底的回答,甚至将我们正在考察的这种思想趋向追溯到历史深处，以对当今人类的总体状况做出公正考察时也是如此。在讨论新近的发展时，我们最多只能期望指出一些有所贡献的事实或特征。就目前而言，我认为有两种情形可以在一定程度上解释那些关注思想史的人为何会有追溯过往的强烈倾向：第一点与当今人类普遍进入的理智和情感时期有关；第二点则是几乎所有基础科学都处于非常严峻的形势之下，与它们正在蓬勃发展的子孙如工程学、实用化学（包括核化学）、医学技术和外科技术相反，它们正变得越来越令人难堪。让我对这两点做出简要说明，先从第一点说起。 6

正如伯特兰·罗素最近明确指出的，[①]宗教与科学之间日益加剧的对抗并非源于偶然情况，一般说来也并非源于某一方的敌意。这种互不信任有相当一部分是自然的和可以理解的。宗教运动的一个目的（如果不是主要任务的话）始终是要令人满意地理解人类所身处的令人不满和令人困惑的境况；是要封闭仅从经验获得的看法的令人不安的"开口"，从而增强人类的生活信心以及与生俱来的对其同伴的慈爱和同情——我相信，人的这些天性很容易被个人的不幸和痛苦所压倒。于是，为了满足未受教育的普通人的需要，必须使片段的、缺乏条理的世界图景变得圆融，能对物质世界的所有那些特性做出解释，这些特性要么在当时没有被真正理解，要么没有被未受教育的普通人所掌握。这种需要很少被忽视，原因很简单：进行解释的通常是这样一些人，他们有卓越的品质，乐于交往，对人类事务有更深入的洞察，对大众有劝诱能力，

① *Hist. West. Phil.*, p. 559.

7 能够凭借富有启发的道德教诲而激起大众的热情。因此，除了那些非凡的品质，就其教养和学识而言，这些人往往非常普通。他们对物质宇宙的看法是不可靠的，实际上与听众的看法大体相同。无论如何，他们会认为，传播关于宇宙的最新消息与他们的目的毫不相关，即使他们知道这些消息。

起初，这种情况影响很小或根本没有影响。但随着历史的发展，特别是到了 17 世纪科学复兴之后，它就变得非常重要了。一方面，宗教的教诲被编成法典并且日趋僵化，另一方面，科学大大改变(甚至损毁)了日常生活，侵扰了普通人的心灵，因此，宗教与科学的互不信任必定会加剧。这种不信任并非源于表面上导致它的那些众所周知的无关细节，比如地球是运动的还是静止的，人是否是动物王国最新的后裔等等。这些争端是可以解决的，而且在很大程度上已经解决了。这里的疑虑要根深蒂固得多。由于越来越多地用自然原因来解释世界的物质结构，解释我们的环境和身体如何达到了现在的状态，并把这种知识透露给所有感兴趣的人，人们担心，科学观点悄无声息地从上帝手中获得了越来越多的东
8 西，从而走向一个自足的世界，上帝有沦为一种毫无必要的装饰物的危险。如果我们宣称这种忧虑是毫无根据的，那么这几乎无法公平地对待怀有这种忧虑的人。对社会危险和道德危险的担忧可能会出现，而且的确已经出现。当然这种担忧并非出自博学的人，而是出自那些自以为知道很多而实际上不甚了了的人。

然而，一种补充性的理解也是有道理的，这种理解从科学诞生之日起就一直伴随着它。科学必须警惕来自其他方面无资格的干扰，特别是披着科学的外衣所进行的干扰。这让我们想起了梅非

斯特(Mephisto),他借了博士的长袍,同天真的学者开了不敬的玩笑。我的意思是,在真诚地追求知识时,你往往必须在一段时间内接受无知。真正的科学宁愿忍受无知,也不愿通过猜测来填补空隙;这与其说是因为对撒谎有良心上的顾虑,不如说是出于这样一种考虑:无论这种空隙如何令人烦恼,通过以假充真来填补它将会消除寻求可靠答案的强烈愿望。注意力有可能发生极大转移,以至于答案即使近在眼前也会被错过。科学家心中有一种不可或缺的自然倾向,那就是坚定不移地勇敢面对不明确的事物,将它视为进一步探索的动力和路标。这本身很容易使他与旨在构建完整图景的宗教目标发生冲突,除非能够谨慎地运用这两种对抗性的态 9 度(对于其各自的目的都是正当的)。

这些空隙很容易让人感觉是一些没有充分根据的弱点。有时,乐于看到这些空隙的人会把它们看成一种解毒剂,以消除科学可能带来的恐惧,而不是为了进一步探索。因为他们担心科学通过"解释一切"会剥夺世界的形而上学意义。当然,在这种情况下,任何人都有权提出新的假说。初看起来,这一假说似乎牢牢地基于一些明显的事实。人们只是好奇,为什么他们能够发现这些事实并且轻而易举地对其做出解释,而别人却做不到。但这本身并不构成反驳,因为在做出真正的发现时,我们往往必须面对同样的情形。然而经过更进一步的考察,科学事业就会(在我所想到的情形中)暴露出它的特点,因为事实上,当人们在相当广泛的研究范围内明确提出一种可被接受的解释,而它与科学中已被普遍确立的可靠原理不一致时,人们或是假装视而不见,或是满不在乎地削弱那些原理的一般性;于是我们被告知,相信后者仅仅是一种偏见，这种偏见会妨碍我们正确地解释所研究的现象。但一条普遍原理的创造性活力恰恰依赖于它的普遍性。一旦得不到支持，它就失去了全部力量，不再能够充当可靠的向导，因为每一次应用都有可能挑战它的有效性。为了达成如下怀疑，即这种废黜并非整个科学事业的一个偶然的副产品，而是其险恶目的，有人相当圆滑地宣称，应当请先前的科学退出这一领域，该领域乃是某种无法实际有效利用它的宗教思想体系的活动场所，因为它的真正范围远远超出了科学解释所能涵盖的任何事物。

这种侵扰的一个众所周知的例子是尝试把目的因重新引入科学。这样做据说是因为，被反复重申的因果性危机证明因果性是无法单独胜任的，而实际上是因为，全能的上帝创造了一个此后不能亲自干预的世界，被认为有失上帝的尊严。在这种情况下，被抓住的弱点是显而易见的。无论在进化论中还是在心灵-物质的问题中，科学都未能令人满意地概括出因果联系，即使是对它那些最为热忱的信徒也是如此。于是，活力、生命力、隐德莱希(entelechy)、整体性、定向突变(directed mutations)、自由意志的量子力学等等都介入进来。我要提到一本很稀奇的简洁著作，[①]它纸张优质，装帧精美，比当时英国作者通常使用的好得多。作者先是就现代物理学作了一段可靠的学术报告，然后开始愉快地讨论原子内部的目的论和目的性，并用这种方式解释了原子的所有活动——电子的运动、辐射的发射和吸收等等，

① Zeno Bucher, *Die Innenwelt der Atome* (Lucerne: Josef Stocker, 1946).

> 希望用这种独特的奇想来取悦上帝，是上帝造就了这种
> 奇想，并把它给了他。[1]

现在回到我们的一般话题。我正在试图给出科学与宗教之间 11 天然敌意的内在原因。以前，由此产生的斗争是众所周知的，无须进一步评论，而且也并非我们这里所关心的。无论多么可悲，它们仍然显示出共同的兴趣。科学家和形而上学家（无论是官方的还是学术的）都知道，他们努力理解的毕竟是同样的对象——人及其世界。对形形色色的观点加以清理仍然很有必要。这个目标尚未达到。今天，虽然至少在有教养的人当中实现了相对的休战，但这并非通过让严格科学的观点和形而上学观点达成和谐，而是通过彼此忽视甚至是蔑视而实现的。在一部讨论物理学或生物学的论著中，即使是通俗性的，转向该主题的形而上学方面也会被认为不切题。一个科学家如果胆敢这样做，就很容易受到指责，不由得让人猜测它到底是为了冒犯科学，还是为了冒犯批评者所研究的形而上学分支。以下情形着实令人遗憾：一方面，只有科学信息得到了认真对待；而另一方面，科学贯穿于人类的世俗活动中，科学发现并没有那么重要，如果这些发现与以不同方式（通过纯粹思想或启示）获得的更高的洞见相左，那么当然必须放弃这些发现。我们遗憾地看到，人类是戴着眼罩，沿着带有分隔墙的、艰难曲折的两 12 条不同小路朝着同一目标迈进的，而且并未竭尽全力去完整理解自然和人类处境，至少是没有令人宽慰地认识到我们研究工作的

[1] 出自 Kenneth Hare, *The Puritan*。

内在统一性。这种局面非常不幸和可悲，因为如果我们能够毫无偏见地尽情运用全部的思维能力，那么我们所获得的知识范围显然会更大。然而，如果我这里使用的隐喻确实是恰当的，也就是说，如果真有两群人在沿着两条道路前进，那么这种损失或许还能忍受。但事实并非如此。许多人并不能确定要走哪条路，他们遗憾而绝望地发现自己不得在这两种观点之间换来换去。通常情况当然并不是这样：面对着纷繁复杂的日常生活，你通过接受一种良好而全面的科学教育，就能完全满足那种内心的渴望，实现宗教或哲学上的安定，从而感到非常幸福，不再需要更多的东西。常见的情况是，科学足以危及大众的宗教信仰，但并没有用其他任何东西取而代之。于是便产生了一种荒唐的现象：受过科学训练的、极有能力的人却有一种幼稚得令人难以置信的——不成熟的、萎缩的——哲学观点。

如果你生活得较为舒适和安全，并认为这是人类生活的一般模式，而且你相信，由于必然的进步，它将传播开来成为普遍的模式，那么你似乎没有任何哲学观点也能活得很好；即使不是无限期，至少在你变得年老力衰、开始直面死亡之前，情况仍然如此。随着近代科学的兴起，早期迅速发展的物质进步似乎开创了一个和平、安全和进步的时代，但如今情况已经令人悲哀地改变了。许多人，事实上是整个人类，已经变得不再舒适和安全，遭受着过度的丧亲之痛，认为他们自己及其幸存下来的孩子的未来前景十分黯淡。人类能够幸存下来，更不用说人类的持续进步，不再被认为是理所当然的。个人的痛苦、希望的破灭、即将来临的灾难，以及对世间统治者谨慎和诚实的不信任，很容易让人对哪怕是一种模糊的希望(无论是否能被严格证实)也会产生渴求,那就是把经验的“世界”或“生活”置于一种更重要的背景之中,即使这种背景仍然是不可理解的。但心灵和纯粹理性这“两条道路”之间仍然隔着一堵墙。让我们沿着这堵墙追溯一下:我们能推倒它吗?它一直在那里吗?当我们在历史中审视它在高山深谷中的蜿蜒曲折时,我们在两千年前的距离处看到了一块土地。在那里,这堵墙变得平坦而且消失不见,道路尚未分裂,而是只有一条。我们中的一些人认为值得走回去,看看能从那种迷人的原始统一性中学到些什么。

抛开这种隐喻不谈,我的观点是,古希腊人的哲学至今仍然吸引着我们,因为无论在此之前还是在此之后,世界上任何地方都没有建立起像他们那样高度发达的、清晰明确的知识体系和思辨体系,而且没有导致那种致命的分离,数个世纪以来,这种分离一直阻碍着我们,今天已经变得令人难以忍受。当然,古希腊人有各种不同的观点,和在其他地方和其他时期一样,他们也激烈地彼此争论,偶尔也会使用一些不光彩的手段,比如未经许可便借用或诋毁他人的著作。不过,一个有学识的人会允许另一个有学识的人就任何主题发表任何观点。人们还同意,真正的主题本质上是一个,就它的任何一部分得出的重要结论通常会对几乎任何其他部分产生影响。那种将同一主题分成若干密不透风的小隔间的想法尚未产生。相反,一个人如果对这种相互联系视而不见,便很容易遭到谴责——比如早期原子论者缄口不言他们所认为的那种普遍必然性所导致的伦理后果,他们无法解释原子的运动以及天界的运动最初是怎样产生的。我可以作一种形象的描绘:可以设想,来自雅典学校的一位年轻学者假期访问阿布德拉(Abdera)时(要小心不被他的师傅知道),受到了睿智的、远道而来的、世界闻名的老先生德谟克利特(Democritus)的接待。他向德谟克利特请教关于原子、地球形状、道德行为、神和灵魂不朽等问题。对于这些问题中 15 的任何一个,老先生都没有回绝。你能想象今天的师生会有这样一种内容庞杂的交谈吗?不过很有可能,许多年轻人的头脑中会有各种类似的——应当说是稀奇古怪的——疑问,他们愿意与信任的人讨论所有这些问题。

关于对古代思想重新产生的兴趣,我曾提出两点线索。关于第一点我就谈这么多。现在我要提出第二点,即当前基础科学的危机。

我们大都认为,一门关于时空中发生事件的科学,如果已经完成得很理想,那么它原则上能把这些事件还原为可被(完成得很理想的)物理学完全描述和理解的事件。然而在20世纪初,正是在物理学中,量子理论和相对论所导致的第一波冲击开始使科学的基础发生动摇。在19世纪的伟大经典时期,虽然距离用物理学来实际描述植物的生长、人脑思考的生理过程、燕子筑巢等等似乎还很遥远,但最终进行解释的语言被认为是可以破解的,那就是物质的基本成分即微粒在相互作用下运动——这种运动不是瞬时的, 16 而是被一种或可称为"以太"的无所不在的介质所传播。"运动"和"传播"这些术语暗示,所有这一切的量度和舞台是时间和空间。时间和空间唯一的属性或任务仿佛就是充当一个舞台,我们可以想象在这样一个舞台上,微粒在运动,其相互作用正在被传递。现在,一方面,引力的相对论表明,"演员"与"舞台"之间的区分并不可取。物质和传递相互作用的某种东西(类似于场或波的)的传播最好应被看作时空本身的形状,而不应认为时空本身在概念上先于迄今为止被称为其内容的东西,就好比三角形的各个角不能先于此三角形一样;另一方面,量子理论告诉我们,以前认为的微粒所具有的最明显和最基本的性质(这一性质是如此明显,以至于几乎从未被提起),即它们是可以识别的个体,其意义十分有限。只有当一个微粒在一个没有过多同类微粒存在的区域内以足够大的速度运动时,其身份才(近似)明确。否则,它将变得模糊不清。我们这样说并不仅仅指我们实际上无法追踪相关粒子的运动,而是说,绝对身份这一概念被认为是不可接受的。与此同时,我们被告知,只要相互作用(就像通常那样)具有短波长、低强度的波的形式,它本身就会表现为比较容易确认的粒子形式,而与前面描述的波相对立。在每一种特殊情况下,在传播过程中表现相互作用的粒子都与实际进行相互作用的粒子是不同类型的,但它们同样被称作粒子。最后,任何种类的粒子都会显示出波动性。粒子运动得越慢,聚集得越密,波动性就越明显,个体性也会相应地失去。 17

如果提到"观察者与被观察者之间界限的打破",那将会强化我插入这段简短报告所服务的论点。许多人认为这一界限的打破是一场更重要的思想革命,而在我看来,它似乎是一个被过分高估的暂时状况,并无深刻意义。无论如何,这就是我的看法。现代发展已经侵入了在19世纪末看来相当稳定的相对简单的物理学框架。而促成现代发展的那些人其实远远没有真正理解它。在某种意义上,这种侵入已经推翻了17世纪主要由伽利略、惠更斯和牛顿奠定基础的科学大厦。正是这些基础遭到了动摇。这并不是说,我们在任何地方都不再受制于这一伟大的时期。我们一直在使用它的基本观念,尽管是以其发明者几乎无法辨识的方式来使用的。与此同时,我们知道自己已经山穷水尽,于是自然会想起,近代科学的开创者们并非白手起家。虽然他们很少借鉴前几个世纪的知识,但他们的确复兴和延续了古代的科学和哲学。这一源泉历史悠久,恢宏壮观,令人敬畏,近代科学的奠基者可能先从中承袭下来那些预先形成的观念和无根据的假设,继而凭借自己的权威使之永存。如果古代流行的极为灵活和开明的精神得到延续,那么这些观点会继续被争论和修正。一种偏见,倘若表现为最初产生时的那种朴素的原始形式,则比后来容易沦为的那种复杂而僵化的教条更易察觉。科学的确是被根深蒂固的思维习惯困住了,一些习惯似乎非常难以发现,而另一些则已经被发现。相对论废除了牛顿的绝对时空概念,或者说废除了绝对静止和绝对同时的概念,而且至少废黜了"力与物质"这一对由来已久的、占统治地位的概念。在几乎无限地拓展原子论时,量子理论陷入了危机,这场危机要比大多数人愿意承认的更为严重。总体而言,现代基础科学的当前危机表明,有必要对其最早的基础进行修正。

于是,这更加激励我们再次对希腊思想进行专心致志的研究。正如我们前面指出的,这不仅是希望发掘出被人忘却的智慧,而且也是希望在源头处发现根深蒂固的错误,它在那里更容易被辨识出来。我们可以认真尝试把自己置于古代思想家的智性状况之中(虽然他们对自然的实际行为的经验要少得多,但偏见往往也要少得多),这样或许可以从他们那里重获思想的自由——纵然是为了借助于我们更高级的事实知识,用它来修正他们早期的、也许仍在困扰我们的错误。

在本章的最后，我要作一些引用。第一段引语与方才所述紧密相关，它译自特奥多尔·贡佩茨的《希腊思想家》（*Griechische Denker*）。[①] 有人可能会反驳说，研究古代观点不能带来实际的进步，因为古代观点早已被基于更高级信息的更好见解所取代。为了应对这种反驳，贡佩茨提出了一系列论证，并以下面这段名言作结：

> 对一种间接的应用或利用进行回顾甚至是更重要的。这种应用或利用必须被认为极为重要。我们几乎全部的智性教育都来源于希腊人。要想从他们势不可挡的影响中解脱出来，就必须首先彻底认识这些来源。在这里，忽视过去不仅不可取，而且简直就是不可能的。你不必了解柏拉图和亚里士多德等古代大师的学说和著作，甚至从未听过他们的名字，但你仍然处在他们权威的魔咒之下。他们的影响，不只是被古往今来继承他们观点的人所传递；我们的整个思考，思考所运用的逻辑范畴和语言模式（因此会受它们的控制）——所有这些绝非人工产物，而是基本上出自于古代的大思想家。事实上，我们必须全面彻底地研究这一流变过程，以免将成长和发 20 展的结果误认为是原始的，将实为人工的东西误认为是自然的。

① Vol. I, p. 419 (3rd ed. 1911).

下面这段话引自约翰·伯内特《早期希腊哲学》(*Early Greek Philosophy*)的序言:"科学是'以希腊的方式思考世界',这是对科学恰如其分的描述。因此,除了那些受到希腊影响的民族之外,科学从未存在过。"对于为何要"浪费时间"进行这种研究,这便是一个科学家所能指望的最简洁的辩护。

作这样的辩护似乎确有必要。贡佩茨在维也纳大学的物理学家同事、著名的物理学史(!)家恩斯特·马赫早在几十年前就已经谈及"稀有而贫乏的古代科学遗迹"。[①] 他说:

> 我们的文化已经逐渐获得了完全的独立性,远远超出了古代。它正在沿一种全新的趋向前进。它以数学的和科学的启蒙为中心。仍然存留于哲学、法学、艺术和科学之中的古代思想遗迹是阻碍而不是有益的东西。面对着我们自身观点的发展,它们最终会变得站不住脚。

马赫这种目空一切的粗陋观点与我方才引用的贡佩茨的看法有一个共同点,那就是为我们必须胜过希腊人进行辩解。但贡佩茨是用显然为真的论据来支持一种重要转向,而马赫则是通过明显的夸张而达成了一种陈词滥调。在同一篇文章的另一些段落,马赫推荐了一种超越古代的离奇有趣的方法,即忽视古代,不理睬古代。据我所知,在这方面他几乎没有取得成功——这是幸运的,因为与伟人的天才发现一道传播的伟人的错误容易导致严重破坏。

---

① *Popular Lectures*, 3rd ed., essay no. XVII (J. A. Barth, 1903).

第二章　理性与感官的竞争

22

上一章末尾引用的伯内特那段较短的话和贡佩茨那段较长的话仿佛构成了本书所选择的“文本”。后面我们还会回到它们，那时我们将试图回答以下问题：那种思考世界的希腊方式到底是什么？在我们目前的科学世界观中，有哪些特殊特征是源于希腊人的？这些特征是希腊人的特殊发明，因此不是必然的而是人为的，仅仅是历史的产物，因而能够加以改变或修正。我们出于根深蒂固的习惯，很容易把这些特征看成自然而然的、不可剥夺的、看待世界的唯一可能方式。

然而，现在我们不准备讨论这个重要问题。在准备回答的过程中，我想向读者介绍古希腊思想中我认为与这里的主题相关的内容。对此，我不打算按照时间顺序来讲，因为我既不愿意，也没有能力撰写一部希腊哲学简史。读者现在可以看到许多优秀的、引人入胜的现代著作（特别是伯特兰·罗素和本杰明·法灵顿的著作）。我们打算按照主题的内在联系而不是时间顺序来叙述。这样一来，汇集在一起的将是不同思想家关于同一问题的观念，而不是某一位哲学家或一群哲人对各种不同问题的态度。这里我们希望重建的是这些观念，而不是个别的人。因此，我们将会选择两三种最重要的观念或思想动机，它们产生于早期阶段，使古代人在数个世纪里保持警觉，并与时至今日一直在激烈争论的一些问题

23

密切相关(即使与之并不完全等同)。通过把古代思想家的信条围绕这些最重要的观念进行组织,我们将会感到,他们在理智上的快乐和不满要比有时猜测的更接近于我们。

一个被广泛讨论的问题与感官的可靠性有关,它的整个古代自然哲学中都很突出。无论如何,在现代学术著作中,它就是在这样一个标题之下得到考察的。这个问题之所以会产生,是因为人们注意到,感官有时会"欺骗"我们——比如一根斜着半插入水的直棒看起来就像断了一样——而且同一物体对不同的人会有不同影响。古代常举的例子是,黄疸病人会觉得蜜是苦的。直到不久前,一些科学家仍然习惯于将物质的性质分为两类:一是所谓的"第二"性质,如颜色、味道、气味等等;二是所谓的"第一"性质,如广延和运动。这种区分无疑是古代争论的现代产物,是一种尝试性的解决方案:第一性质被视为精确的、真实的和不可动摇的,由理性从我们直接的感觉资料中提炼出来。当然,这种观点已经不再能够接受,因为我们从相对论中得知(如果我们以前不知道的话),空间和时间以及物质在时空中的形状和运动,都是心灵的一种假想的精致构造,绝不是不可动摇的。要说不可动摇,它们远不如直接感觉到的东西,后者倒有可能称得上是"第一"性质。

但感官的可靠性仅仅是更深层问题的序幕。这些问题在今天依然存在,而古代思想家对其中一些问题已经认识得非常清楚。我们试图描绘的世界图景仅仅基于感官知觉吗?理性在世界图景的构建中扮演何种角色?仅仅基于纯粹理性,能否最终真实地建立世界图景?

当实验发现在19世纪取得节节胜利之时,任何带有强烈"纯理性”倾向的哲学观点都会得到主流科学家的恶评。但现在情况已经不是这样。已故的阿瑟·爱丁顿(Arthur Eddington)爵士后来变得越来越喜欢纯理性理论。尽管很少有人会跟着他走到极端,但他的阐述因为巧妙和富有成果而备受称赞。马克斯·玻恩(Max Born)认为有必要写一本小册子进行反驳。埃德蒙德·惠塔克(Edmund Whittaker)爵士至少非常认同爱丁顿的一种说法,即某些表面上纯经验的常数,如宇宙中基本粒子的总数,可以纯理性地推断出来。如果忽略细节,而从更广泛的角度来看待爱丁顿的努力(这种努力来自于坚信自然具有合理性和简单性),我们就会发现,他的思想绝非孤立。甚至爱因斯坦奇妙的引力理论,虽然是基于可靠的实验论据,并且得到了他所预言的新观测事实的有力确证,但只有一个能够强烈感受到思想的简单性和美的天才才能发现它。他试图对其大获成功的想法加以推广,以把电磁学和核子的相互作用包括进去,因为他希望尽可能地“猜测”自然的实际运作方式,希望从简单性和美的原则中获得线索。事实上,这种态度已经渗透到现代理论物理学的工作中——也许渗透得有些太过,但这里我们不作批评。

关于尝试通过理性先验地构建自然的实际行为,最近有两种极端观点,其代表人物分别是爱丁顿和恩斯特·马赫。至于这两极之间的任何可能态度,以及充满活力地秉持某种观点并为之作辩护,攻击和嘲笑其他遭到拒斥的观点,在古代的大思想家中都有著名的代表人物。一方面,他们凭借着关于实际自然定律的极为贫乏的知识,竟然就这些定律的基础提出了各种不同看法,并且狂热地捍卫自己所偏爱的观点;另一方面,虽然我们自那以后已经获得了更为深远的见解，却仍然没能平息这场争论。这两点同样令人惊讶。

26 在公元前480年左右(大约比苏格拉底在雅典出生早10年，比德谟克利特在阿布德拉出生早十几年)活跃于意大利埃利亚(Elea)的巴门尼德(Parmenides)是最早提出一种极端反感觉的、以先天方式构想的世界观的人之一。他的世界包含的东西很少，而且这很少的东西与观察到的事实完全矛盾。虽然他连同“真的”世界观对“世界实际的样子”，对天空、太阳、月亮、星星和许多其他事物作了(应当说)引人入胜的描述，但他说，所有这一切都仅仅是我们的信念，都是由于感官的欺骗。实际上，世界上并没有很多事物，而只有“一”。这个“一”就是存在的事物，与不存在的事物相反。从纯逻辑上讲，后者并不存在，因此存在的只有“一”。此外，空间中不可能有任何位置，时间中不可能有任何时刻使“一”不存在——因为存在者无论何时何地都不可能有相反的谓词说它不存在。因此，“一”是普遍的和永恒的。不可能有变化和运动，因为没有空的空间(在那里“一”是不存在的)使“一”能够移进去。所有我们相信亲眼见到的与此相反的东西都是欺骗。

读者会注意到，我们面对的是一种宗教(顺便说一句，是用优美的希腊诗句吟诵的宗教)，而不是科学世界观。但在当时，这种区分还没有出现。对巴门尼德而言，宗教或面对诸神的虔敬无疑属于表观的“意见”世界。他的“真理”是所能设想的最纯粹的一元论。他成了埃利亚学派的创始人，对后世产生了极大影响。柏拉图非常重视埃利亚学派对其“形式论”的异议。在一篇以先哲命名并且可以追溯到柏拉图出生之前(那时苏格拉底还是一个青年)的对话中，柏拉图阐述了这些异议，但几乎没有尝试做出反驳。

我要补充一个也许不只是细节的细节。前面我根据通常的说法作了简要描述，由这种描述可以看出，巴门尼德的教条主义观点涉及了物质世界。他根据自己的喜好，用与观察完全相反的其他某种东西取代了物质世界。在第尔斯(Diels)引用的一段文本中，[①]在巴门尼德的残篇5：

> "思维与存在是同一的"

之前(暗示含意的相似)是阿里斯托芬(Aristophanes)的一句话——"思维与行动具有相同的力量"。同样，在残篇6的第1行我们读到：

> 言语和思维都是存在的东西。

而在残篇8，第34行我们读到：

> 思维与思维的目标是同一的。

(根据第尔斯的解释，我不再坚持伯内特的异议，即需要有定冠词 28 才能使被我译成"思维"和"存在"的希腊语不定式成为该句的主语。在伯内特的翻译中，残篇5失去了与阿里斯托芬说法的相似

① Diels, *Die Fragmente der Vorsokratiker* (Berlin, 1903), 1st ed.

性，而残篇 8 中的句子在伯内特的译文中则成了完全的重言式："能被思维的事物与思维的目标是同一的"。）

我想补充普罗提诺(Plotinus)的一句评论(第尔斯为残篇 5 而引用)，他说巴门尼德"将存在与理性合而为一，而不把存在置于感官之中。他说'思维与存在是同一的'，还说存在是不动的，即使在把存在与思维联系在一起时，他使存在失去了所有像身体那样的运动"。

巴门尼德反复强调存在与思维或思想的同一，古代思想家对其断言也屡有提及，由此必定可以推断，巴门尼德所说的那个静止的、永恒的"一"并非关于我们周围实际世界的一种古怪的、歪曲的、不恰当的心灵意象，仿佛其真正本性是一种同质的静止流体，永远充满于无边无际的整个空间——现代物理学家可能会把它称为一个超球的(hyperspherical)爱因斯坦宇宙。他并没有把我们周围的物质世界看成一种理所当然的实在。他把真正的实在置于思想之中，置于我们所说的认知主体之中。我们周围的世界是感觉的产物，是感官知觉"经由意见"在思维主体中制造出来的意象。这位诗人哲学家在其诗作的后半部分表明，他认为这值得思考和描述。但是，感官为我们提供的并非真实的世界本身，并非康德所说的"自在之物"。"自在之物"存在于主体中，在于它是一个主体，能够思维，至少能够实现某种心理过程——能像叔本华(Schopenhauer)所说的那样持久地意愿。我毫不怀疑，这就是我们这位哲学家所说的永恒不动的"一"。它始终不受感官所展示的短暂易逝的现象的影响和改变——如同被叔本华等同于康德"自在之物"的意志。我们面对的是一种诗意的(不仅是就诗体形式而言)尝试，要把心灵

(或者灵魂)与世界和神统一在一起。面对着已被深切觉察到的心灵的同一性和不变性,我们不得不认为,世界表面上的千变万化仅仅是一种幻觉。这显然导致了一种令人难以忍受的扭曲,巴门尼德诗作的第二部分仿佛纠正了它。

的确,这第二部分蕴含着一种严重的不一致,任何解释都无法消除它。如果感官的物质世界被取消了实在性,那么它是一种实际上并不存在的东西吗?于是,第二部分完全是一个关于不存在事物的童话故事吗?但是至少,据说它所讨论的是人的信念;信念在心灵之中,被等同于存在;那么,作为心灵的现象,信念难道没有某种存在性吗?这些是我们无法回答的问题和无法消除的矛盾。我们只能提醒自己,一个人如果第一次触及一种隐藏在深处、与普遍接受的看法相反的真理,他通常会以一种可能使其陷入逻辑矛盾的方式做出夸张的表述。

现在我们准备简要考察另一个人的看法,他代表着对如下问题的另一种极端态度。这个问题是,能够充当真理的主要来源、从而有充分的甚至是唯一的权利来声言实在的,究竟是直接的感觉信息还是人的理性心灵?我们以伟大的智者普罗泰戈拉(Protagoras)作为纯粹感觉主义的一个突出例子。他于公元前492年左右出生在阿布德拉(一代人之后,大约在公元前460年,阿布德拉诞生了伟大的德谟克利特)。普罗泰戈拉认为感官知觉是唯一真实存在的东西,是构成我们世界图景的唯一材料;从原则上讲,必须认为所有感官知觉都是同样真实的,甚至当它们由于发烧、生病、喝醉或发疯而遭到改变或歪曲时也是如此。古代常举的例子是,黄疸病人觉得蜜是苦的,而其他人觉得是甜的。无论是哪种情形，普罗泰戈拉都不认为有什么“外表”或错觉，尽管他说，我31们的责任是尝试治愈受类似反常支配的人。他并不是一个科学家（巴门尼德也不是），虽然他对爱奥尼亚学派的启蒙（我们后面会谈到）有浓厚兴趣。根据法灵顿的说法，普罗泰戈拉的努力集中于维护一般意义上的人类权利，推进社会制度的公平公正，使所有人享有平等的公民权——简而言之就是真正的民主。当然，在这方面他并未成功，因为古代文化直到衰落为止，所基于的经济社会制度一直都依赖于人的不平等。他最为人所知的名言是“人是万物的尺度”，这通常被用来指他关于知识的感觉理论，但可能也包含了对待政治和社会问题的完全人类的态度：应当通过符合人性的法律和习俗来管理人类事务，不要因为传统或任何迷信而产生偏见。他对传统宗教的态度可见于下面这段谨慎而机智的话：“关于诸神，我无法知道他们是否存在，也不清楚他们是什么样子，因为有太多东西会妨碍可靠知识的获得，如主题模糊不清，人生短暂无常。”

据我所知，德谟克利特至少有一个残篇清晰而富有意义地表达了古代思想家最高明的认识论态度。稍后我们将把他作为伟大32的原子论者来讨论。这里只需说，他肯定相信物质世界观是恰当的，和当今所有物理学家一样坚信这种世界观：坚硬不变的小微粒在虚空中沿直线运动、碰撞、反弹等等，由此产生了我们在物质世界中观察到的种类繁多的现象。他相信纷繁复杂的万事万物都可以还原为纯几何形象，这种信念是对的。当时，相比之前或之后的任何时候，理论物理学都要远远超前于实验（当时实验几乎还不为人知），更不用说认为实验在理论物理学后面亦步亦趋的现代了。

但德谟克利特同时意识到，在他的世界图景中，虽然纯理智构建已经取代了光、颜色、声音、味道、甜味、苦味和美的现实世界，但它实际上仅仅基于表面上已经从现实世界中消除了的感官知觉本身。在残篇 D 125 中（该残篇出自盖伦，大约 50 年前才被发现），德谟克利特让理智与感官进行竞争。理智说："从表面上看，有颜色，有甜味，有苦味，它们实际上只是原子和虚空。"对此感官反驳说："可怜的理智，你难道希望从我们这里借去证据来击败我们吗？你的胜利就是你的失败。"这简直说得没法更简洁、更清楚了。

这位大思想家的许多其他残篇很像是康德著作中的段落：我们无法认识事物本身，我们实际上一无所知，真理深深地隐藏于黑暗中，等等。

单纯的怀疑是廉价而没有结果的。只有当一个人比前人更接近真理、但清楚地认识到其心灵构造的狭窄限度时，这样的人所持有的怀疑才是重要而富有成果的，它不会减少而会成倍地增加各项发现的价值。 33

34

第三章　毕达哥拉斯学派

对于像巴门尼德和普罗泰戈拉这样的人，他们所持有的极端观点对科学能起什么作用，我们很难做出推断，因为他们不是科学家。然而，有一个学派的思想家却既有强烈的科学倾向，又有一种近乎宗教先入之见的明显偏见，要把自然体系还原为纯理性，这就是毕达哥拉斯学派（Pythagoreans）。他们主要在意大利南部活动，即克罗顿（Croton）、锡巴里斯（Sybaris）和塔兰托（Tarentum）等位于半岛“脚跟”与“脚趾”之间海湾周围的一些城镇。该学派的信徒非常类似于一个宗教团体，要求在进食或做其他事情时要有古怪的仪式，对外人严守秘密，至少是有关教义的内容。[1] 该学派的创始人毕达哥拉斯活跃于公元前 6 世纪下半叶，他必定是古代最不寻常的人物之一。关于他的超自然力量有很多传说：他能记 35 起灵魂转世（灵魂的迁居）过程中的所有前世；有人在偶然翻动他的衣服时发现他的大腿是纯金的。他似乎没有留下任何著作。正如“师曰”这一众所周知的说法所证明的，对其学生而言，他的话就

---

[1] 许多古代作者都评论过一桩很大的丑闻，希帕索斯（Hippasus）由于泄露了五角十二面体（pentagon-dodecahedron）的存在性或者说某种“不可公度性”和“不对称”而被逐出该团体。此外还提到了其他惩罚：大家为仍然健在的他建好了坟墓；他被（复仇的神）淹死在深海里。

古代的另一桩很大的丑闻与一则传言有关，据说柏拉图从一个急需钱的毕达哥拉斯主义者那里高价购买了三卷手稿供自己使用，但并未透露其来源。

是准则，可以解决学生之间的任何争论，最终确定无误的真理。据说，学生们敬畏于直呼其名，遂称他为“那边的人”（yonder man）。不过，由于该群体所具有的以上特征和态度，我们有时并不容易确定某一特定学说是否可以追溯到他或者起源于他。

毕达哥拉斯学派深深地影响了柏拉图及其学园（Academy），后者明显继承了这个意大利南部学派的先验论观点。事实上，从思想史的角度来看，我们或可把这个雅典学派称为毕达哥拉斯学派的一个分支。柏拉图主义者并未正式遵守“准则”，这没有什么关系，他们急于掩饰而不是强调自己的依赖性，以提升自己的原创性，这就更无关紧要了。关于毕达哥拉斯学派，我们的信息主要来自于亚里士多德忠实而诚恳的记录。不过，亚里士多德基本上不同意他们的观点，并对其毫无根据的先验论偏见进行指责，尽管他本人也很容易持有这种偏见。

我们知道，毕达哥拉斯学派的基本学说是“*万物皆数*”，尽管一些人试图弱化这一隽语，把它说成“万物像数”，即与数类似。我们并不清楚这一断言的真正含义是什么。这一影响深远、意义宏大的大胆概括很可能源自毕达哥拉斯的一项著名发现：如果用由弦长的整数部分或有理数部分（如 1/2，2/3，3/4）所产生的音程谱成和谐的乐曲，它可能会使我们感动得落泪，仿佛直接向我们的灵魂诉说。（关于灵魂与身体的关系，毕达哥拉斯学派有一则很美的比喻，可能出自菲洛劳斯（Philolaus）：灵魂被称为身体的和谐，灵魂之于身体就如同乐器之于它所产生的声音。）

根据亚里士多德的观点，“事物”（即数）首先是可感的物体。例如，恩培多克勒（Empedocles）提出了四根说之后，四根也“变成

36

了”数；但是像灵魂、正义、机会这样的“事物”也有它们的数，或者说“是”它们的数。数的分配与数论的一些简单性质相关。例如，平方数(4,9,16,25,……)与正义有关，特别是，正义与其中的第一个数4相等同。其背后的想法必定是，4这个数可以被分成两个相等的(equal)因数(可以与“公平、公正”[equity]、“公平的、公正的”[equitable]等词相比照)。数目为平方数的点可以排成一个正方形，比如在九柱戏中就是如此。毕达哥拉斯学派也以同样的方式谈及三角形数，如3,6,10,……

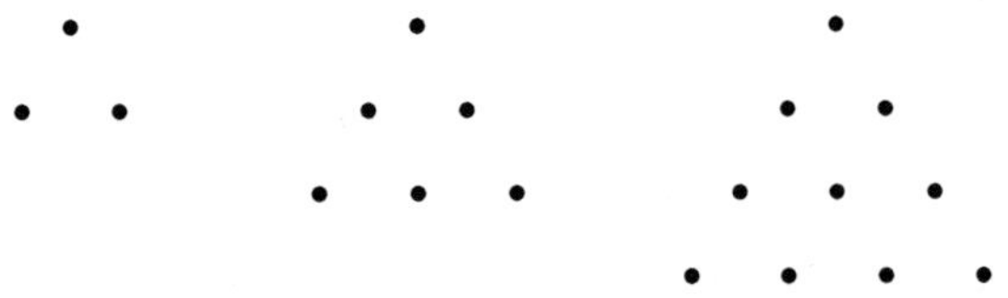

```
   •          •            •
  • •        • •          • •
            • • •        • • •
                        • • • •
```

37 这些数是这样得到的：用三角形一条边的点数(n)乘以它的后继数($n+1$)，再把乘积(永远是偶数)除以2，即$n(n+1)/2$。(要想看清楚这一点，最简便的方法是把这个三角形与第二个倒置的三角形数拼接在一起，并把所得到的图形变成一个矩形。

```
    • • • •                 • • • •
   • • • •     ——→          • • • •
  • • • •                   • • • •
```

在现代理论中，“轨道角动量的平方”是$n(n+1)h^2$，而不是n^2h^2，其中n是整数。这样说仅仅是为了表明，区分出三角形数并非纯粹的臆想，它们的确经常在数学中出现。)

10这个三角形数受到了特别的尊重，这可能是因为它是第4个三角形数，从而涉及正义。

这些内容来自于亚里士多德忠实的——而不是嘲笑的——记述，我们必定会觉得它非常荒唐。一个数的首要性质是奇或偶(到这里还好。数学家很熟悉奇素数与偶素数的基本区分，尽管偶素数只包含 2 这个数)。但是接着，奇数被认为决定了一个事物的有限特性，而偶数则被认为决定了某些事物的无限特性。它象征着无限(!)可分性，因为偶数可以被分成两个相等的部分。另一位评注者发现偶数是有缺陷的或不完全的(指向了无限)，因为在把偶数分成两部分时，

• • • | • • •

中间有一个空白区域，既没有归属，也没有数。

水、火、土、气这四元素似乎被认为是由 5 种正多面体中的 4 种组合而成的，第 5 种即正十二面体则被留做整个宇宙的容器，这可能是因为它非常近似于球体，并且是由五边形围成的。五边形本身扮演着一种神秘的角色，它的 5 条对角线所构成的五角星形也是如此。一位早期的毕达哥拉斯主义者佩特隆(Petron)提出，总共有 183 个世界，它们排成一个三角形——顺便说一句，这并不是一个三角形数。最近有一位著名的科学家告诉我们，世界上基本粒子的总数是 $16\times17\times2^{256}$，而 256 是 2 的平方的平方的平方。我们想起这一点是否有些大不敬呢?

后来的毕达哥拉斯主义者对灵魂转世深信不疑。据说毕达哥拉斯本人就是如此。克塞诺芬尼(Xenophanes)在两个对句中讲述了关于这位大师的一则轶事：毕达哥拉斯看到一只小狗正在被痛打，心生怜悯，便对打狗的人说："不要再打他了，因为我一听到

39 它的声音，便认出它是我一个朋友的灵魂。”克塞诺芬尼可能意在嘲笑这位伟人的愚蠢信念。今天，我们可能会有不同的感受。假定这个故事是真的，我们从他的话中猜测的意思可能要简单得多：住手，我听到一位受折磨的朋友正在寻求我的帮助。（由于查尔斯·谢灵顿[Charles Sherrington][①]的工作，“狗是我们的朋友”成了一句长期有效的话。）

现在，让我们回到开始时提到的那个一般观念，即数是万物的基础。我认为，它显然来自关于振动弦的声学发现。但为了做出公正评价（尽管它的衍生物很是荒唐），我们绝不能忘记，它属于那时数学和几何学领域最早的伟大发现之一，这些发现通常关乎对物体的某种实际应用或想象中的应用。而数学思想的本质就是从物体中抽象出数（长度、角度和其他量），讨论它们以及它们之间的关系。事实证明，基于这样一种程序，以这种方式得到的种种关系、模型、公式、几何图形，往往会出乎意料地适用于与原初物体大不相同的物体结构。当数学模型被导出时，数学模型或公式突然间就给那个它从未打算介入和想到的领域带来了秩序。这些体验
40 非常令人难忘，极易让人相信数学的神秘力量。“数学”似乎处于万物的根底，因为我们会在并未放入它的地方意想不到地发现它。这一事实必定会给年轻的行家们多次留下深刻的印象。在物理科学的发展过程中，它作为一个重大事件再度出现了。让我们举一个著名的例子：哈密顿（Hamilton）发现，支配一般力学系统运动

① 查尔斯·谢灵顿（Charles Scott Sherrington，1857—1952），英国科学家，在生理学和神经系统科学方面有很多贡献。他和埃德加·阿德里安（Edgar Adrian）一起由于“关于神经功能方面的发现”而获得1932年诺贝尔生理学或医学奖。——译者注

的定律与支配光线在非同质介质中传播的定律完全相同。科学现在变得很复杂，在这些情况下它已经学会谨慎从事，不再从数学思想的本性出发，将可能只是形式上相似的东西理所当然地视为本质上同源。但是在科学发展初期，我们不会惊讶于上述那些带有神秘性的轻率结论。

应用于完全不同背景的模型的一个现代例子是道路设计中所谓的“缓和曲线”，它也许不够切题，但很有趣。连接两段直路的弯角不应只是一段圆弧，因为这意味着汽车司机从直路进入圆弧时必须猛打方向盘。一段理想的缓和曲线的条件是这样：它要求在通过弯路前一半时打方向盘的均匀速度与通过弯道后一半时打方向盘的均匀速度保持一致。对这种条件的数学表述要求曲率必须与曲线长度成正比。事实上，这是一种非常特殊的曲线，远在汽车发明之前就已经为人所知，那就是“考纽螺线”(cornu's spiral)。据我所知，它唯一的应用是光学中一个简单的特殊问题，即被点光源照亮的狭缝后面产生的干涉图样。这个问题导致了“考纽螺线”理论的发现。 41

学生们都知道的一个非常简单的问题是：如何在两个给定长度(或数)p 与 q 之间插入第三个长度 x，使得 p 与 x 之比等于 x 与 q 之比。

$$p:x = x:q. \tag{1}$$

在这种情况下，x 被称为 p 与 q 的“几何平均”。例如，如果 q 是 p 的 9 倍，x 将是 p 的 3 倍，也是 q 的三分之一。由此很容易得出，x 的平方等于 p 与 q 的乘积，

$$x^2 = pq. \tag{2}$$

(这也可以从一般比例规则推出，即“内”项之积等于“外”项之积。)希腊人会把这一公式几何地解释为“求矩形的面积”，即 x 是正方形的边，该正方形的面积等于长宽为 p 和 q 的矩形的面积。他们只能以几何解释的方式来认识代数公式和方程，因为通常并没有数来填入这个公式。例如，如果取 q 等于 $2p,3p,5p,\cdots\cdots$(为了简单，取 p 等于 1)，则 x 就是我们所谓的$\sqrt{2},\sqrt{3},\sqrt{5},\cdots\cdots$但对他们来说这些并不是数，因为当时还没有发明出来。于是，实现上述公式的任何几何构造都是用几何法求平方根。

42

最简单的方法是沿一条直线画出 p 与 q，然后在它们的连接点 N 竖起一条垂线，以 O($p+q$ 的中点)为圆心作经过 $p+q$ 的端点 A 和 B 的圆，与该垂线交于点 C。

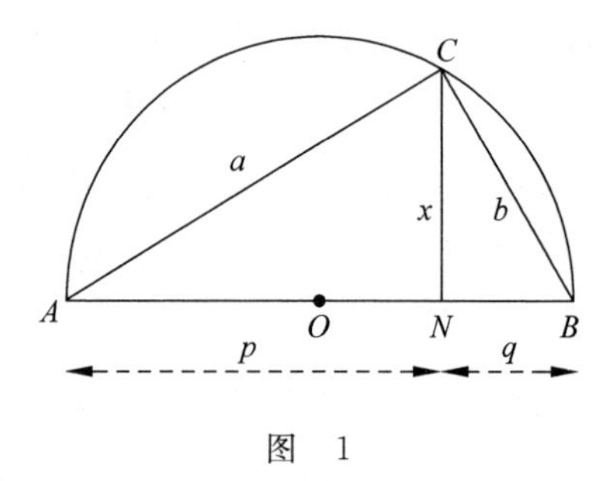

图 1

于是，ABC 是一个直角三角形，C 是“半圆上的角”，这样就形成了三个几何相似的三角形 ABC、ACN 和 CNB。由此可得比例(1)。我们的三角形中出现了另外两个“几何平均”，即(设斜边 $p+q=c$)：

$$q:b=b:c,\quad \text{于是 } b^2=qc,$$

$$p:a=a:c,\quad \text{于是 } a^2=pc,$$

由此可得，

$$a^2 + b^2 = (p + q)c = c^2,$$

这就是对所谓毕达哥拉斯定理的最简单证明。 43

毕达哥拉斯学派也可能是在完全不同的背景下想起比例(1)的。如果 p、q、x 是在同一根弦上用琴马设置的不同长度，或者像小提琴手那样用手指的按压来确定的长度，那么 x 所产生的音将会介于 p 与 q 所产生的音“中间”，从 p 到 x 的音程等于从 x 到 q 的音程。这自然会引出如何将给定音程分成两个以上相等音级的问题。初看起来，这似乎会导致不和谐，因为即使原始比例 $p:q$ 是有理的，插入的音级也可能不是有理的。而精确的插入方法是在钢琴调弦中使用的平均律，它有十二个音级。这其实是一种折衷，从纯和谐的角度来讲应当受到指责，但对于需要预先定调的乐器来说很难避免。

阿基塔斯(Archytas，也因为在公元前 4 世纪中叶在塔兰托与柏拉图的友谊而闻名)用几何方法解决了另一个问题，即如何找到两个几何平均，或者把一个音程分成三个相等的音级。这等于用几何方法来求给定比率 q/p 的立方根。后一种形式，即求立方根，也被称为“得洛斯问题”(Delian problem)；得洛斯(Delos)岛上阿波罗的祭司们曾经指控一个祈请神谕者将其祭坛的石块体积增加了一倍。这块石头是一个立方体，于是体积是其两倍的立方体的边长将是已知边长的$\sqrt[3]{2}$。 44

用现代符号表示，该问题可以写成

$$p:x = x:y = y:q, \tag{3}$$

由此用上面的方法可得

$$x^2 = py, \quad xy = pq. \tag{4}$$

将两个等式两边分别相乘并消去 y，得

$$x^3 = p^2q = p^3 \frac{q}{p} \tag{5}$$

$$x = p\sqrt[3]{\frac{q}{p}}$$

阿基塔斯的解答等于重复了上述构造，

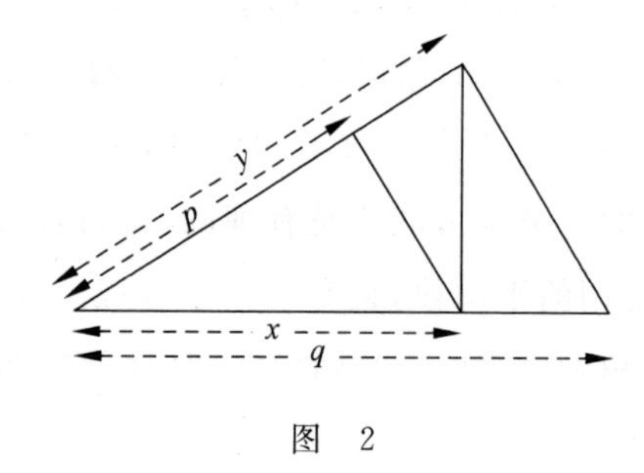

图 2

但使用了前面提到的第二类比例，这里为

$$p:x = x:y \quad \text{和} \quad x:y = y:q.$$

然而，这只是阿基塔斯之构造的最终结果。该构造非常复杂，使用了球、圆锥和圆柱体的截面——事实上，它是如此复杂，以至于在我(第一版)的第尔斯的《前苏格拉底哲学家残篇》(*Presocratics*)中，据称描绘了文本的图形完全是错的。的确，以上看似简单的图形不能直接用圆规和直尺由给定数据 p 和 q 构造出来，因为用直尺只能画出直线(一次曲线)，用圆规只能画出圆(特殊的二次曲线)；但为了求立方根，必须至少有一条给定的特殊的三次曲线。阿基塔斯极为天才地通过截面的那些曲线提供了它。他的解决办法并不像我们可能设想的那样过于复杂，而是一项了不起的功绩，

这是他在欧几里得之前大约半个世纪取得的。

我们这里要讨论的毕达哥拉斯派学说的最后一点是他们的宇宙论。我们之所以对此特别感兴趣，是因为它表明，一种充满了没有根据的先入之见（如完满、美、简单性等理想）的看法竟然出乎预料地有效。

毕达哥拉斯学派知道地球是一个球体，他们或许是最早知道这一点的人。他们很可能是由月食时地球投在月亮上的圆形阴影推断出来的。关于月食，他们的解释或多或少是正确的（见下图），其关于行星体系和恒星的模型可由下图来概括说明。

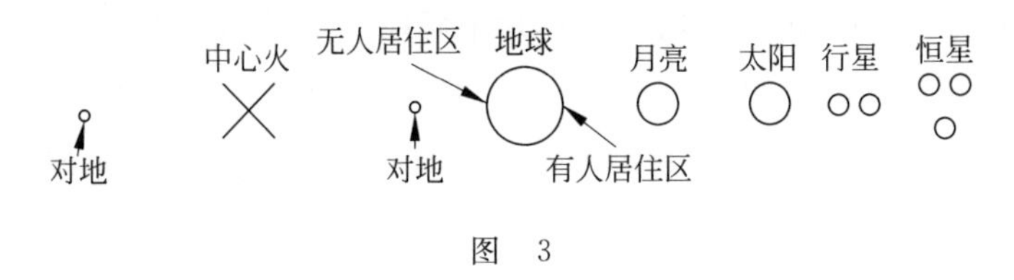

图　3

就像月亮围绕我们地球一样，地球每 24 小时围绕固定的中心火（是中心火，而不是太阳！）旋转一周，地球总是把同一个半球朝向这个中心。这个半球因为太热而无法居住。毕达哥拉斯学派设想有 9 个天球以独特的速率围绕中心火旋转，它们仿佛携带着（1）地球，（2）月亮，（3）太阳，（4-8）行星，（9）恒星（我们的图将其排成一条直线纯粹是图示性的，这种情况永远不会出现）；还有第 10 个天球，或至少是第 10 个天体——“对地”（antichthon）。我们不清楚，相对于中心火，“对地”是永远与地球相合还是相冲（我们的图同时画出了这两种情况）。无论如何，地球、中心火和“对地”被认为总在一条直线上，因为“对地”从未被看到过。这一发明毫无 46

正当理由。发明它也许是为了凑出10这个神圣的数,但也可以解释太阳和月亮出现在地平线附近的相反位置时发生的月食。这之所以是可能的,是因为由于光线在大气中的折射,当星星实际已经落到地平线以下几分钟之后,我们才看到星星落下。而这在当时还不为人知,所以这些月食可能很难理解,毕达哥拉斯学派不得不既发明“对地”,又假设月亮、太阳、行星、恒星都被中心火照亮,于47是地球或“对地”在中心火的光芒中的影子产生月食。

初看起来,这一模型显得是如此荒谬,几乎不值得考虑。但我们要认真考虑一下,别忘了,那时人们对于地球的尺寸和轨道一无所知。当时已知的地球部分,即地中海地区,实际上的确围绕一个看不见的中心每24小时旋转一周,并且总是以同一面朝向这个中心。正因如此,所有天体才作着快速的周日运动。认识到这仅仅是一种视运动,本身就是一项了不起的成就。关于地球运动的错误观点,即除了自转还给它分配了相同周期的旋转,其错误之处仅仅在于旋转的周期和中心。这些错误虽然在我们看来很粗糙,但丝毫无损于那种伟大的认识:地球被归于一颗行星,就像太阳、月亮和我们所说的其他5颗行星一样。这是一项令人赞叹的功绩,它使我们从“人及其居所必定位于宇宙的中心”这一偏见中解放出来,是迈向我们现代宇宙观的第一步。今天,我们认为地球仅仅是宇宙中一个星系的一颗恒星的一颗行星。众所周知,当这一步于公元前280年左右由萨摩斯岛的阿里斯塔克(Aristarchus)迈出之后,人类不久便重蹈覆辙,偏见重新出现,并且一直持续到19世纪初,至少在某些地区的官方说法中是如此。

48 也许有人会问,这个中心火为什么会被发明出来。只用可见的太阳和月亮，几乎不足以解释那些异常的日月食。[①] 人们很早就知道，月亮本身并不发光，而是被另一个光源照亮的。太阳和月亮是天空中最显著的两种现象，它们在周日运动以及形状和大小方面都非常相似；形状和大小之所以相似，是因为一种巧合：月亮比太阳小多少倍，它距离我们就近多少倍。这必然会使人把两者置于同一基础之上，把对月亮的认识推及太阳，从而认为它们都被同一光源所照亮，此光源便是假设的中心火。但由于我们看不见中心火，因此除了“置于我们脚下”，被我们这颗行星挡住视线，没有其他地方可以安放它。

该模型被归于菲洛劳斯（公元前 5 世纪下半叶），尽管它可能是错的。看一下该模型的进一步发展就会发现，在先入为主的“完美与简单”观念的偏见之下所犯的错误，即使很严重，也可以是相对无害的。像这样一种假设，越是武断和缺乏根据，所造成的思想危害就越小，因为经验会更快地消除它。正如人们所说，一个错误的理论总比什么都没有要好。

就这里的案例而言，无论是迦太基商人到“赫拉克勒斯之柱”（pilliars of Hercules）以外地区的旅行，还是稍后亚历山大的远征印度，都没有发现关于中心火和“对地”的任何线索，也没有发现地中海文化圈之外的那部分地球较少有人居住。因此，所有这些都必须被抛弃。随着虚构中心（中心火）的不复存在，人们自然抛弃了地球周日运转的观念，而代之以一种纯粹的绕轴自转。关于谁第一次提出了“关于地球自转的新学说”，古代哲学史家在这个问

49

① 顺便说一句，这样的日月食是否曾被观察到尚不确定。

题上有不同看法。有人说是最年轻的毕达哥拉斯主义者之一埃克番图斯(Ecphantus),另一些人则倾向于把他仅仅看成赫拉克利德(Heraclides Ponticus,出生和成长于黑海的赫拉克利[Heraclea],曾加入柏拉图和亚里士多德的学派)的一篇对话中的一个角色,而把这一"新学说"归于赫拉克利德(顺便说一句,亚里士多德提到过这一学说,但没有接受它)。但更重要的也许是强调,新学说是毫无疑问的。地球的自转已经包含在菲洛劳斯的体系中:一个物体围绕一个中心转动并且总把同一面朝向它,就像月亮朝着地球那样,绝不能说该物体没有自转,而应当说其自转周期恰好等于公转周期。这并不是一种复杂的科学描述,就月亮(以及其他类似的星体)而言,周期的相等也并非偶然的巧合;它是由于月球内部或覆盖在月球表面的以前存在的海洋或大气的潮汐摩擦力。①

50

如上所述,菲洛劳斯的体系的确认为,地球相对于中心火精确地作这种运动,即相同周期的自转和公转。抛弃公转并不等于发现自转,因为自转已经被发现了。我们宁愿把抛弃公转称为朝着错误的方向迈出了一步,因为公转确实存在着,尽管是围绕另一个中心。

但前面所说的那个与后来的毕达哥拉斯学派有密切关联的赫拉克利德也因此而应当受到称赞,似乎正是他朝着认识到实际情况迈出了极为重要的一步。人们已经注意到,水星和金星这两颗内行星的亮度会发生明显变化。赫拉克利德把这种变化正确地归

① 地球上的潮汐摩擦力对其自转有(非常慢的)阻滞作用。月球上的反应必定是(非常慢地)远离地球,以及月球运转周期的相应增加。由此我们倾向于得出结论说,即使现在也必定有某种弱的动因在起作用,使月球的两个周期保持精确相等。

因于与地球距离的变化。因此，它们不可能围绕地球作圆周运动。此外，它们在主要的或平均的运动中追随太阳的轨迹运动，这一事实也许有助于形成正确的观点，即二者无论如何都是在绕太阳作圆周运动。类似的考虑很快也可用于火星，它同样有相当大的亮度变化。众所周知，仅仅在菲洛劳斯之后一个半世纪，萨摩斯岛的阿里斯塔克最终建立了（约公元前280年）日心体系。这一体系的合理性没有得到大多数人的认可。大约150年后，它被“亚历山大里亚大学的校长”（我们今天会这样称呼他）希帕克斯（Hipparchus）的权威所推翻。

无论如何，毕达哥拉斯学派凭借其各种偏见和关于美和简单性的先入之见，朝着理解宇宙结构这一重要方向取得了重大进展，51 比我们马上就要谈到的清醒的爱奥尼亚“自然哲学家”（physiologoi）和在精神上继承他们的原子论者所取得的进展都大。这个惊人的事实一点也不会让今天严肃认真的科学家感到不安。出于我们很快就会明白的一些理由，科学家们很愿意把爱奥尼亚学派（泰勒斯［Thales］、阿那克西曼德［Anaximander］等人）尤其是伟大的原子论者德谟克利特看成他们的精神先驱。然而，即使是德谟克利特也坚持认为地球就像一面扁平的鼓。这一观点由伊壁鸠鲁（Epicurus）保持在原子论中，并且一直延续到公元前1世纪的诗人卢克莱修（Lucretius）。出于对毕达哥拉斯学派那种毫无根据的、离奇古怪的臆想和傲慢的神秘主义的厌恶，像德谟克利特那样清醒的思想家拒绝接受他们的所有学说，因为这些学说给人以任意的、人为虚构的印象。然而，在早期那些关于振动弦的简单声学实验中训练出来的观察能力，必定使他们透过其自身偏见的迷雾认识到了某种近乎真理的东西，它为日心说的迅速涌现奠定了良好基础。不幸的是，在自视为清醒的科学家、摆脱了偏见、只相信事实的亚历山大里亚学派的影响下，日心说同样被迅速抛弃了。

在这篇简短的介绍中，我没有提及克罗顿的阿尔克麦翁(Alcmaeon of Croton)在解剖学和生理学方面的发现。他是毕达哥拉斯的同时代人，年纪较轻。他发现了主要的感觉神经及其和大脑的通路，并且认识到大脑是对应于心灵活动的核心器官。直到那时(以及那以后很久，尽管有他的发现)，人们一直认为心脏、隔膜和呼吸是与心灵或灵魂联系在一起的，一些被用来标示心灵或灵魂的隐喻性表述便是证明。这些隐喻的遗迹可见于所有现代语言。不过，就我们当前的目的而言，这些讨论已经足够。读者很容易在其他地方找到关于古代医学成就的更有价值的信息。

52

第四章　爱奥尼亚的启蒙

53

现在我们转向泰勒斯、阿那克西曼德、阿那克西美尼(Anaximenes)等通常被归于米利都学派(Milesian School)的哲学家们，而在下一章，我们要谈谈与他们多少有些关联的哲学家，如赫拉克利特(Heraclitus)和克塞诺芬尼，然后是留基伯(Leucippus)、德谟克利特等原子论者。这里我想指出两点。首先，上一章并非按时间排序，三位爱奥尼亚"自然哲学家"(泰勒斯、阿那克西曼德、阿那克西美尼)的鼎盛期分别在公元前585年、565年和545年前后，而毕达哥拉斯则是在公元前532年前后。其次，我想指出这一学派在我们目前语境下所起的双重作用。和毕达哥拉斯学派一样，他们有着明确的科学看法和目标，但是就我们在第二章解释的"理性与感官"的竞争而言，他们与毕达哥拉斯学派的观点是对立的。他们接受了感官所提供的世界并试图做出解释，和常人一样不为理性的准则而烦恼，其思维方式直接来源于常人的思维方式。的确，它往往从手工艺的问题或类比开始，在航海、制图和三角测量中都有实际应用。而另一方面，我要提醒读者，我们的主要问题是要找出当今科学中那些带有人为性的特殊特征，贡佩茨、伯内特等人认为这些特征来源于希腊哲学。我们将提出两种这样的特征并加以讨论：(1)认为世界可以被理解；(2)把作为"理解者"的人(认知主体)从所要构造的理性世界图景中排除

54

出去，这是一种简化的暂时性策略。第一个特征明确来源于三位爱奥尼亚“自然哲学家”，或者来源于泰勒斯，如果你愿意这么说的话。第二个特征，即对主体的排除，早已成为一个根深蒂固的习惯。只要尝试像爱奥尼亚学派那样建立一种客观的世界图景，就会存在这个特征。人们很少意识到，这种排除是一种特殊的策略，即试图以灵魂形式来追溯物质世界图景内部的主体，无论这种灵魂是物质性的，由极为精细的、动荡不定的物质所构成，还是由与物质相互作用的幽灵似的东西所构成。这些朴素的构造流传数个世纪，直到今天也远未消亡。虽然我们不能把这种“排除”当成一个有意商定的明确阶段（可能永远也不会如此）去追溯，但我们的确在赫拉克利特（鼎盛期约为公元前 500 年）的残篇中发现了明显证据，表明他对此是知晓的。我们在第二章结尾引用的德谟克利特残篇表明，他担心自己关于世界的原子论模型完全缺乏主观性质，缺乏建立该模型所需的感觉资料。

被称为爱奥尼亚启蒙的运动开始于非常著名的公元前 6 世 55 纪；的确，正是在这个世纪，远东也出现了意义极为深远的思潮，这些思潮与佛陀乔达摩（生于公元前 560 年左右）、老子以及比他年轻一些的同时代人孔子（生于公元前 551 年）的名字联系一起。爱奥尼亚学派仿佛凭空出现在那个被称为爱奥尼亚的狭窄地带，即小亚细亚的西海岸及其前面的诸岛屿。当时那里的地理和历史条件极为适宜，我用任何语言都无法形容，它非常有利于发展出自由、冷静和睿智的思想。这里我想提三点。

首先，这个地区（和毕达哥拉斯时代的意大利南部一样）不属于一个通常对自由思想怀有敌意的强大国家或帝国。在政治上，它由许多自治而富有的小城邦或岛邦所组成，施行共和制或僭主制。无论是哪种情况，它们往往都由最优秀的头脑统治或管理着，在整个历史中，这都是非常独特的。

其次，居住在岛屿和非常崎岖的大陆海岸的爱奥尼亚人是一个航海的民族，他们来往于东西方之间做生意，其繁荣的贸易促进了小亚细亚、腓尼基和埃及的沿海地区与希腊、意大利南部和法国南部之间的货物交换。无论何时何地，贸易永远是思想交流的主要途径，至今仍然如此。由于最初开始贸易的人并非学者、诗人或 56 哲学教师，而是海员和商人，所以交流必定要从实际问题开始。制造设备，新的手工艺，运输工具，航海援助，如何修建海港、码头和货栈，控制和利用水源等等都是各个民族彼此学习的首要事情。这种充满活力的交往过程造就了一个睿智的民族，技艺和技巧的迅速发展也激励着理论思想家的心灵，在实现某种新学到的技艺时，人们会寻求这些思想家的帮助。如果他们致力于思考关于世界物理结构的抽象问题，则他们的整个思维方式会显示出其起源的实践性痕迹。这正是我们在爱奥尼亚哲学家那里看到的东西。

第三个有利条件有人曾经提到过，简而言之就是，这些团体不受教士支配。那里不像巴比伦和埃及那样存在着有世袭特权的神职阶层；这些阶层即使自身不是统治者，也通常会站在统治者一方反对新思想的发展，因为他们本能地感觉到，任何观念变化最终都有可能将他们及其特权推翻。关于一个独立思考的新时代在爱奥尼亚兴起的有利条件，我们就说这么多。

许多学生也许在教科书中或其他地方看过到对泰勒斯和阿那克西曼德等人的简述。他们读到，一个人认为万物都是水，另一个 57

人认为万物都是气，第三个人则认为万物都是火。他们了解到以下一些离奇古怪的想法，比如开有窗户的火的通道（天体），蒸汽在大气中上上下下，等等。看到这些，学生们可能早已厌倦了，他们想知道为什么要对这些古老而幼稚的、完全不相干的东西感兴趣。那么，在思想史上，当时到底发生了什么大事？是什么促使我们把这一事件称为科学的诞生，并把米利都的泰勒斯称为世界上第一位科学家（伯内特语）呢？

当时这些人获知的伟大观念是：只要费心正确地观察，就会发现他们周围的世界是某种可以理解的东西；它不是鬼神和精灵的活动场所，这些神鬼和精灵凭一时冲动随心所欲地行事，会被激情、愤怒、爱和复仇欲望所驱动，会表达它们的愤怒，会被虔诚的供奉所安抚。而这些人已经摆脱了迷信，拒绝接受所有这些东西。他们把世界看成一个相当复杂的机械装置，按照永恒的固有规律运动，他们很愿意找到这些规律。当然，这正是时至今日基本的科学态度。对我们来说，它已经变得如此自然，以致我们已经忘记了必须有人去发现它，把它变成纲领并且加以实施。好奇心是起激励作用的东西。科学家首先需要的就是好奇心，他必须能够好奇并且渴望发现。柏拉图、亚里士多德和伊壁鸠鲁都强调好奇心的重要性。如果指向的是关于整个世界的一般问题，好奇心就不再平凡了；因为世界只有一个，我们无法将它与其他世界进行比较。

58

我们把这称为第一步，它是极为重要的，与实际给出的解释是否恰当无关。我认为，它称得上是一种完全的创新。当然，巴比伦人和埃及人对天体轨道的规律性特别是日月食有很多了解。但他们把这些视为宗教秘密，而并不是在寻求自然解释。他们肯定不是通过这些规律性来思索如何全面地描述世界。荷马史诗中诸神对自然事件的频繁干预,《伊利亚特》中令人厌恶的人祭,一般性地说明了上述情况。不过,为了认识到爱奥尼亚人的杰出发现,即第一次创造出一种真正科学的看法,我们不必将其与前人进行对比。在根除迷信方面,爱奥尼亚人并没有取得什么成功。此后的所有时代都充斥着迷信,一直到我们这个时代也是如此。这里我并不是指什么流行的信念,而是指甚至像叔本华、奥立弗·洛奇(Oliver Lodge)爵士、里尔克(Rainer Maria Rilke)(只提少数几个人的名字)等一些真正伟人的摇摆不定的态度。爱奥尼亚人的态度在原子论者(留基伯、德谟克利特、伊壁鸠鲁、卢克莱修)和亚历山大里亚的诸科学学派那里仍然存在着,尽管是以不同方式;不幸的是,在公元前的最后 3 个世纪,就像在现代一样,自然哲学与科学研究分开了。此后,科学看法逐渐消亡,到了公元后的前几个世纪,哲学家们越来越对道德伦理和各种奇特的形而上学感兴趣,而不再关心科学。直到 17 世纪,科学看法才恢复了活力。 59

几乎同样重要的第二步也可以追溯到泰勒斯,那就是认识到构成世界的所有物质尽管千变万化,但又有诸多共同之处,它本质上必定是同一种东西。我们也许可以把这称为萌芽阶段的普鲁斯特(Proust)假说。这朝着认识世界迈出了第一步,即朝着实施我们所谓的第一步——相信世界可以被理解——迈出了第一步。从目前的观点来看,我们必须承认,这一步触及了最根本的要害且极为恰当。泰勒斯大胆地把水看成基本的东西。但我们最好不要把他所说的水与我们的 H_2O 幼稚地联系在一起,而应与一般的液体或流体联系在一起。泰勒斯也许已经注意到,所有生命似乎都起源于液体或湿的东西。通过把最熟悉的液体(水)视为构成万物的唯一一种物质,他暗示聚集物的物理状态(固体、流体、气体)是次60要的而非本质性的。如果只是说:我们给它一个名字,称之为“质料”,并为其赋予各种性质,估计泰勒斯是不会满意的(而现代人可能会感到满意)。一项新的发现通常会被夸张,并且往往被表述成一种带有诸多细节的假说,而这些细节后来逐渐消失了。这来自于我们“发现”的强烈欲望,来自于科学好奇心的驱动,如前所述,这种好奇心对于任何发现都至关重要。哲学家意见的几位汇编者讲述了一个相当有趣的细节,说泰勒斯认为大地像“一块木头”一样浮在水上。这必定意味着相当一部分大地是浸没在水中的。这使我们想起了那则古老的神话,即得洛斯岛一直漂移不定,直到勒托(Leto)在岛上生了一对双胞胎——阿波罗(Apollo)和阿耳忒弥斯(Artemis)。这与现代的地壳均衡理论惊人地相似。根据这一理论,大陆的确漂浮在一种液体上,尽管这种液体不是海水,而是海洋之下的一种更重的熔融物质。

事实上,泰勒斯提出其一般假说时的“夸张”或“轻率”不久就被其弟子和同伴阿那克西曼德所纠正。阿那克西曼德比泰勒斯大约年轻 20 岁,他否认普遍的世界物质等同于任何已知的东西。为此他发明了一个名称,称之为“无定”。这个有趣的术语在古代就引来了许多麻烦,就好像它绝不是一个新发明的名称似的。这里我不准备详述它,而是要通过指明我所谓的第三步重大发展来追述关键物理学观念的走向。这一步应当归功于阿那克西曼德的同伴和弟子阿那克西美尼,他又比阿那克西曼德大约年轻 20 岁(死61于公元前 526 年左右)。阿那克西美尼意识到,最明显的物质转变是“稀释和凝聚”。他明确指出，任何一种物质都可以在适当条件下转变为固态、液态或气态。他选择气作为基本物质，从而比他的老师基础更牢固。事实上，倘若他说的是“游离的氢气”(我们几乎不可能指望他这种话)，他离我们现在的观点就不远了。他说，较轻的物体(即火和大气顶部较轻、较纯的元素)是由气的进一步稀释而形成的，而雾、云、水和固态的土则是由气一步步凝聚而成。这些是在当时的知识和观念范围内所能做出的最为恰当和准确的断言。请注意，这并不仅仅是体积的微小变化问题。在从普通的气态转变为固态或液态的过程中，密度要增加一两千倍。例如在大气压下，1 立方英寸的水蒸气在凝聚时，可以缩小为直径小于 1/10 英寸的一滴水。阿那克西美尼认为，液体水甚至是坚硬的固体石头都是由一种基本的气态物质凝聚而成的(尽管这似乎就是与泰勒斯相反的观点)，这种观点更为大胆，与我们现在的观点也更接近。因为我们的确认为气体处于最简单、最原始的“非聚集”状态，通过在气体中起从属作用的介质的介入，由气体形成了较为复杂的液体和固体。阿那克西美尼并未沉浸在抽象的幻想中，而是渴望将其理论应用于具体的事实中，这可见于他在某些情况下获得的极为正确的洞见。比如他告诉我们，雹和雪(两者都是由固态水即冰构成的)的区别是，雹是从云(即雨滴)中落下的水冻结而成的，而雪则是潮湿的云本身变为固态的结果。现代的气象学教科书几乎会告诉我们同样的内容。顺便说一句，阿那克西美尼还说，星星并不提供热，因为距离太远。 62

但稀释-凝聚理论最重要的一点是，它是随后提出的原子论的垫脚石。这一点很值得注意，因为对我们现代人来说，这并不显然，我们的思想太复杂了。我们很熟悉（或自认为很熟悉）连续体的观念，而并不熟悉这个概念所引发的巨大困难，除非我们已经研究过非常现代的数学（狄利克雷[Dirichlet]、戴德金[Dedekind]、康托尔[Cantor]）。希腊人碰到了这些困难，对它们很了解，而且大为震动。这可见于他们发现"没有数"对应于边长为1的正方形的对角线（我们说它是$\sqrt{2}$）时的尴尬，还可见于埃利亚派的芝诺（Zeno）关于阿基里斯追龟和飞矢的著名悖论及其他关于沙子的悖论，以及关于线是否由点构成（如果是，那么由多少个点构成）的反复出现的问题。我们（那些不是数学家的人）已经学会逃避这些困难，但没有学会理解希腊人对这些问题的看法。我认为，这在很大程度上是因为十进制记数法。我们在学生时代不得不囫囵吞枣地记住：我们可以思考有无穷多位的十进制小数，甚至当其数字并非简单的循环时，这样一个小数也能表示一个数。而我们之前学的一点数学知识则使我们消化以上内容不会太困难：像1/7这样非常简单的数并没有一个有限的十进制小数与之相应，而是对应着一个无限循环小数：

$$1/7 = 0.142857 \mid 142857 \mid 142857 \mid \ldots$$

这种情况与比如说以下情况有很大差别，

$$\sqrt{2} = 1.4142135624\ldots$$

因为我们知道，无论我们选择什么"基底"[①]来代替常规的10，$\sqrt{2}$都会保留其特点，而如果取"基底"为7，则1/7所对应的"七位制小数"为

---

① 2的平方根以七进制小数来表示即为1.2620346…。

$$1/7 = 0.1$$

无论如何，我们囫囵吞枣地学了这些东西之后，会觉得如果在直线上标明零点，那么就可以为 0 与 1 之间，或者 0 与无穷之间，或者负无穷与正无穷之间的直线上任意一点都指定一个定数。我们感觉自己可以掌控连续体。

此外我们知道，橡皮筋可以在很大程度内被拉伸；吹气球时，气球的橡胶表面也可以拉伸。不难想象可以用一块固体橡胶做类似的事情。因此，我们不难构造出一个允许形状和体积发生很大变化的连续的物质模型，尽管 19 世纪有许多物理学家认为这样做并不容易。

由于方才提到的种种理由，希腊人并没有这种便利。他们迟早会以以下方式来解释体积的变化，即物体是由离散的粒子构成的，这些粒子本身不变，但是会彼此远离或靠近，从而在它们之间留下或大或小的虚空。这正是他们的原子论，也是我们的原子论。也许正是一个缺陷——缺乏关于连续体的知识——碰巧把他们引上了正确的道路。50 年前，人们仍然可能接受这一结论，尽管它从本质上讲是不大可能成立的。1900 年，马克斯·普朗克（Max Planck）关于作用量子的发现揭开了现代物理学的最新一幕，指向了完全相反的方向。我们从希腊人那里接受了普通物质的原子论，但似乎没有恰当地使用我们所熟悉的连续体。我们已经把连续体这个概念用于能量，但普朗克的工作使我们怀疑这样做是否恰当。我们还把连续体的概念用于空间和时间，在抽象几何学中几乎不可能抛弃它，但它对于物理空间和物理时间很可能是不适当的。关于米利都学派对物理学观念的发展就说这么多，我认为这是他们对西方思想最重要的贡献。

关于米利都学派的一个著名陈述是，他们把一切物质都看成活的。亚里士多德在讨论灵魂时告诉我们，一些人认为灵魂是与“整体”混合在一起的，因此泰勒斯认为万物之中充满着神灵；他将某种推动能力赋予灵魂，甚至说石头也有灵魂，因为石头能使铁移动（当然，这指的是磁石）。琥珀摩擦后能生电，诸如此类的性质促使泰勒斯甚至把灵魂归于无生命的东西。此外，据说泰勒斯把神看成宇宙的理智（或心灵），并认为整个宇宙是有生命的（被赋予了灵魂），充满了神灵。后来的古代学者把米利都学派称为“物活论者”（hylozoists），以表明他们的看法，这在当时看来必定显得相当奇怪和幼稚。因为柏拉图和亚里士多德已经对活的东西和无生命的东西作了明确区分：活的东西就是自己能动的东西，例如人、猫、鸟、太阳、月亮和行星。一些现代观点相当接近于物活论者所指出和感觉到的东西。叔本华将其基本的“意志”观念拓展到万物，既66把意志归于动物和人的自发运动，又把意志归于下落的石头和生长的植物。（他把有意识的认知和理智看成一种次要的、附属的现象，对此观点我们这里不去争辩。）伟大的心理学家-生理学家费希纳（G. Th. Fechner）持有（尽管只是在闲暇时）关于植物、行星、行星系的“灵魂”的观念，这些东西读起来很有意思，它们想传达的并不仅仅是有趣的白日梦。最后，我想引用查尔斯·谢灵顿爵士在1937－1938 年吉福德（Gifford）讲演中的话，这些讲演于 1940 年以《人的本性》（*Man on his Nature*）为题出版，其中有许多内容都在讨论物质事件特别是有机体行为的物理（能量）方面。谢灵顿爵士在对讨论做出总结时指出了我们现代观点的历史地位：“……在中世纪及之后……，就像在之前的亚里士多德那里一样，存在着有生命和无生命以及确定两者之间界限的困难。今天，我们已经清楚地表明了为什么会存在这一困难，并且解决了它。两者之间并无界限。”[①]假如泰勒斯能够读到这些话，他会说：“这正是我在亚里士多德之前200年所持有的观点。”

有机自然和无机自然不可分割地结合在一起，这种观念对于米利都学派来说并不像对（比如）叔本华那样是一则毫无结果的哲学陈述。叔本华的主要错误是反对（或者说忽视）进化，尽管拉马克（Lamarck）版本的生物进化是在他那个时代确立的，并且对当时的一些哲学家产生了重要影响。而米利都学派会立即做出推论，理所当然地认为生命必定起源于无生命的物质，而且显然是逐渐起源的。前面我们提到，泰勒斯决定以水作为原初的东西，也许是因为他自认为见证了生命自发地产生于潮湿之中。当然，在这一点上他是错误的。但他的弟子阿那克西曼德在思考生命的起源和发展时得出了非常正确的结论，而且是通过极为可靠的观察和推理得到的。从包括婴儿在内的刚出生的陆地动物的无助性，他得出结论说，这不可能是生命的最初形式。然而，鱼对由鱼卵产生的后代通常并不关注。小鱼不得不独自生存——我们可以补充一句——它们更容易生存，因为重力在水中被抵消了。因此，生命必然来自水中。我们自己的祖先是鱼。所有这一切都与现代发现非常吻合，而且本质上是合理的，以至于我们对加入的浪漫细节感到遗憾。与我们前面所说的相反，某些鱼，也许是一种鲨鱼，被认为

67

---

① 1st ed.,p. 302.

关怀备至地抚养着它们的子代，事实上是把小鱼保存在（甚或带回到）子宫中，直到小鱼完全能够独立生存。据说阿那克西曼德曾主张，这种亲子鱼是我们的祖先，我们在其子宫中生长，直到有一天68 能够出来，在陆地上生存一段时间。读到这个缺乏逻辑的浪漫故事，我们不禁想起，我们的大多数（如果不是全部的话）报告都是那些完全不赞同阿那克西曼德理论的人写的，该理论曾经遭到伟大的柏拉图相当不公正的嘲笑。因此，很难说他们愿意理解阿那克西曼德的理论。是否有这种可能：阿那克西曼德非常一贯地指出了鱼和陆地动物之间的一个过渡阶段，即两栖动物（青蛙所属的类），它们在水中产卵，在水中出生，然后经过很大变形，爬上陆地生活了一段时间。如果有人觉得鱼能逐渐变成人这种想法太过可笑，那么他很容易把这曲解成一个使人在鱼中生长的“解释性的”故事。这与苏格拉底-柏拉图学派用于自娱自乐的关于博物学的其他浪漫小说有些家族相似。

第五章　克塞诺芬尼的宗教　以弗所的赫拉克利特

本章所讲的两位伟人的共同点是都给人一种独行者的印象。他们是深刻而具有原创性的思想家，受他人影响，但不承诺属于任何“学派”。克塞诺芬尼最有可能生活在公元前565年以后的一百年。他92岁时说自己在最后的67年间已经游历了希腊各个国家（当然也包括“大希腊”[*Magna Graecia*][①]）。他是一位诗人，一些优美诗句的残篇流传至今。他和恩培多克勒、巴门尼德所作的六步格诗和哀歌大都已经遗失，而《伊利亚特》的战歌还保留着，这真是令人遗憾。即便如此，在我看来，现存的所有这些哲学诗句也比“阿基里斯的愤怒”（想想它是关于什么的吧）更有趣，更值得而且更适合我们在学校阅读。[②] 根据维拉莫维茨（Wilamowitz）的说法，克塞诺芬尼“持有地球上曾经存在过的唯一真正的一神论”。

正是克塞诺芬尼在意大利南部发现并且正确解释了岩石中的化石——在公元前6世纪！这里我想引用他的一些著名残篇，从中可以看出当时先进思想家对待宗教和迷信的态度。当然，要给 世界的科学观留出空间，必须先清除像宙斯降下霹雳闪电、阿波罗

① “大希腊”指古希腊在意大利半岛南部的殖民地。——译者注

② 我这样说并不意味着我认为《伊利亚特》仅仅是一首战歌，它的遗失不会让人深感悲痛。

散布瘟疫来发泄愤怒等观念。

克塞诺芬尼说(残篇 11),[1]荷马和赫西俄德(Hesiod)把人间认为无耻丑行的一切都加在诸神身上:偷盗、通奸、尔虞我诈。克塞诺芬尼还说(残篇 14):"凡人们认为神是诞生出来的,穿着衣服,并且有着同凡人一样的容貌和声音。"

让我们插一个问题:一般希腊公众如何能够接受这样一种低级的诸神观念呢?我认为答案是,对他们而言这似乎根本不低级。恰恰相反,它证明了诸神的力量、自由和独立性。诸神可以不受谴责地做那些我们会因此而受责备的事情,因为我们不过是可怜而渺小的有死之人罢了。凡人们按照他们之中的一些伟大、富有、强大、有权力、有影响的人的形象来塑造他们的诸神。当时,这些人很可能像今天的某些人一样,能够倚仗其权力和财富来逃避法律、肆意犯罪和为所欲为。

在一些残篇中,克塞诺芬尼废黜了诸神,嘲笑他们显然只是人想象出来的产物。

71

(残篇 15)是的,假如牛、马和狮有手,并且能够像人一样用手作画和塑像的话,它们就会各自照着自己的模样,马画出、塑出马形的神像,牛画出、塑出牛形的神像了。

(残篇 16)埃塞俄比亚人说他们的神皮肤是黑的,鼻子是扁的;色雷斯人说他们的神是蓝眼睛、红头发的。

---

[1] 这些残篇的序号依照的是第尔斯的第一版。

下面几个简短的残篇表明了克塞诺芬尼本人对神(这里的神明确是单数)的看法:

(残篇 23)只有一个神,他在诸神和人类中间是最伟大的;他无论在形体或思想上都不像凡人。

(残篇 24)神是全视、全知、全闻的。

(残篇 25)神毫不费力地以他的心思摆布着一切。

(残篇 26)神永远保持在同一个地方,根本不动,一会儿在这里一会儿在那里动来动去对他是不相宜的。

然后是他给我印象极深的不可知论:

(残篇 34)至于诸神的真相,以及我所讲的一切事物的真相,是从来没有、也不会有任何人知道的。即使他偶然说出了最完备的真理,他自己也还是不知道果真如此。各人可以有各人的猜想。

现在让我们转到一位年代稍晚的思想家——以弗所的赫拉克利特。他年轻略轻(鼎盛年在公元前 500 年左右),可能并非克塞诺芬尼的弟子,但熟悉克塞诺芬尼的著作,并受他和更早的爱奥尼亚人的影响。他在古代已被认为"晦涩",我敢说,正是由于这个原因,他才被斯多亚派的创始人芝诺以及塞内卡(Seneca)等后来的斯多亚派所利用。流传至今的极少数残篇证明了这一点。其物理世界图景的细节没有什么意思。他的一般思想倾向是爱奥尼亚的 72

启蒙式的，有很强的不可知论色彩，与克塞诺芬尼类似。一些朴素而典型的陈述如下：

(残篇 30)这个世界对我们所有人都是同一的，它不是任何神所创造，也不是任何人所创造；它过去、现在和将来永远都是一团永恒的火，有些部分燃烧，有些部分熄灭。

(残篇 27)人死后，等待他的是从未期待的、也从未想象过的事。

晦涩的残篇的一个例子是(译文是伯内特的)：

(残篇 26)人在夜里为自己点上一盏灯，当人死了的时候，却又是活的。睡着的人眼睛看不见的东西，由死人照亮了；醒着的人则是由睡着的人照亮了。

在我看来，有些残篇包含了非常深刻的认识论洞见：既然一切知识都以感官知觉为基础，那么这些感官知觉必定先天地具有同等价值，不论它们出现在醒时、梦中还是幻觉中，也不论它们是否出自一个具有可靠心智的人。造成差异并使我们能够由此建立一种可靠的世界图景的东西是：这个世界可以构造得对我们所有人(或者说所有醒着的、神智健全的人)来说是共同的。(不要忘了，把梦中的幻相看成真实的东西，在当时是司空见惯的；希腊神话中就充斥着这种东西。)这些残篇说：

(残篇 2)因此应当遵从那个共同的东西。可是逻各斯虽 73
然是大家共有的,多数人却自以为是地活着,好像有自己的见解似的。

(残篇 73)不能像睡着的人那样行事和说话。因为我们在睡梦中也自以为在行事和说话。

再有,

(残篇 114)要想理智地说话,就必须用这个人人共有的东西武装起来,就像城邦必须用法律武装起来一样,而且要武装得更牢固。然而人的一切法律都是依靠那唯一的神圣法律养育的。因为它从心所欲地统治着,满足一切,战胜一切。

(残篇 89)清醒的人们拥有一个共同的世界,可是睡梦中人们却离开这个共同的世界,各自走进自己的世界。

给我留下特别深刻印象的是,他非常强调要紧紧抓住共同的东西,以避免精神错乱,避免成为“白痴”(idiot,来自希腊语的 *idios*,意为私人的、一个人自己的)。他不是社会主义者——很有可能是一个贵族,也许是一个“法西斯主义者”。

我相信这种诠释是正确的。对于像他这样的人所说的这种“共同”,我在任何地方都找不到合理的解释。他曾经说过这样的话:一个天才要比一万个普通人更重要。有时他会让人强烈地想起尼采——那位伟大的“法西斯主义者”。一切美好的事物都是由冲突和斗争带来的。

总之,我认为他的意思是,我们是根据如下事实形成关于周围真实世界的观念的:我们有一部分感觉经验仿佛是重叠的,这个重叠部分就是真实的世界。

我认为,在人类思考世界的最早记录中偶尔发现非常深刻的哲学思想,发现我们今天需要付出一番努力、作一番抽象才能形成和把握的一些观念,我们一般不应感到太过惊讶。也许可以认为,人类思想的这一婴儿期(比喻地说)"离自然更近"。理性的世界图景尚未获得,"我们周围的真实世界"尚未构造完成。无论如何,在印第安人、犹太人和波斯人等许多民族古老的宗教著作中,我们的确看到了这种早期深刻思想的许多例子。

在对这些早期的深刻哲学认识进行比较时,我不禁想起了多伊森(P. Deussen)这位伟大的梵文学家和风趣的哲学家的一句话:"儿童在其生命的头两年不能讲话是一个巨大的遗憾,否则,他们也许会谈论康德哲学。"

第六章　原子论者

75

与留基伯和德谟克利特(生于公元前460年左右)的名字相联系的古代原子论,真的是现代原子论的先导吗？这个问题常常被提出,对它的回答也是五花八门。贡佩茨、库尔诺(Cournot)、罗素和伯内特回答“是”;本杰明·法灵顿回答“在某种意义上是”,说古代原子论和现代原子论有许多共同点;查尔斯·谢灵顿则回答“否”,他指出,古代原子论是纯粹定性的,由“原子”(意为“不可分割的”或“不可分的”)一词所体现的基本观念已经使“原子”成为一个错误的名称。我不知道有哪位古典学者曾经给出过否定的回答。而如果这种回答出自一个科学家,那他总是认为原子和分子概念的固有领域是化学(而非物理学)。在这种语境下,他会提到道尔顿(Dalton,生于1766年),而不会提到伽桑狄(Gassendi,生于1592年)。正是伽桑狄研究了伊壁鸠鲁(生于公元前341年左右)的存世较多的著作,然后把原子论决定性地重新引入了现代科学。伊壁鸠鲁继承了德谟克利特的理论,而德谟克利特只有少数残篇流传至今。值得注意的是,到了19世纪末,经过拉瓦锡(Lavoisier)和道尔顿的发现所带来的巨大发展,在威廉·奥斯特 76 瓦尔德(Wilhelm Ostwald)的领导下和恩斯特·马赫看法的支持下,化学中出现了一场主张抛弃原子论的强有力的运动(“唯能论者”)。据说化学中不需要原子论,应把原子论当作一种未经证明且无法证明的假说而抛弃。关于古代原子论的起源及其与现代理论的关系问题绝非只有纯粹的历史意义。我们还会回到它。首先我想简要概述一下德谟克利特观点的主要特征。它们是:

1. 原子小得无法看见。它们都是由同一种东西构成的或者具有相同的本性,但其形状和大小却千差万别,这是原子的唯一特性。由于原子彼此之间不可穿透,通过直接接触而发生相互作用,彼此推动和旋转,于是,相同种类和不同种类的原子以各种形式聚集和组合,经由多种相互作用构成了我们所看到的纷繁复杂的物体。原子之外是虚空——这种观点在我们看来似乎很自然,在古代却招致了无穷多的争论,因为许多哲学家都断言,*不存在的*(is not)东西就不可能*存在*(be),也就是说虚空不可能存在。

2. 原子处于*永恒的运动*中,我们可以认为这种运动无规则或无序地分布于各个方向,因为如果即使在静止或低速运动的物体中原子也在永恒地运动,那么其他情况是不可设想的。德谟克利特明确指出,虚空中没有上下前后之分,任何方向都不具有优先性——我们可以说,虚空是各向同性的。

77

3. 原子的持续运动会自行维持,不会停下来;这被认为是理所当然的。经由思辨而发现*惯性定律*,这必须被视为一项伟大功绩,因为它明显与经验相抵触。又过了两千年,伽利略用摆和从斜面上滚下的球体做了认真的实验,通过天才的总结而使这一定律得以恢复。在德谟克利特的时代,惯性定律似乎是根本不可接受的。它给亚里士多德造成了很大麻烦,亚里士多德认为只有天体的圆周运动才是永远不变的自然运动。用现代术语可以说,原子具有*惯性质量*,正是惯性质量使原子能在虚空中持续运动,并把运动传递给与之碰撞的其他原子。

4. 重量或重力并没有被当作原子的原始属性。它以一种非常巧妙的方式得到了解释：一种普遍的漩涡运动使较大的原子趋向于转速较慢的中心，较轻的原子则从中心被推向或抛向天空。读到这种描述，我们会想起在离心作用下发生的情况，尽管这种情况当然是相反的，即明显较重的物体被甩出去，而较轻的物体则趋向中心。另一方面，假如德谟克利特能够沏一杯茶并且用小勺搅 78 拌，他将会发现茶叶聚集在杯子中心，这是说明其漩涡理论的一个极好例子。（其实此例的真正原因恰恰相反，中心的旋转要比外部更强，因为外部的旋转被杯壁阻碍了。）最让我惊奇的是，我们会认为，既然重力源于不停的旋转，那么这种观念会自动给出一种球对称的宇宙模型，从而给出球形的地球。但这并非事实。德谟克利特非常不一致地坚称地球是鼓形。他仍然把天体的周日运转看成真实的——并让鼓形的地球居于气垫之上。也许他极其厌恶毕达哥拉斯学派和埃利亚学派的愚蠢说法，以致不愿从他们那里接受任何东西。

5. 但是在我看来，这一理论遭受的最严重失败是因为它延伸到了灵魂，这使它在许多个世纪里成了一个“睡美人”；灵魂被认为是由物质原子构成的，它们极其精细，运动性极高，可能散布于整个身体中，控制身体的功能。这是令人悲哀的，因为它必定会使接下来几个世纪里最为出色和深刻的思想家感到厌恶。我们必须小心，不要过于严厉地指责德谟克利特。这乃是出于一个对知识理论有深刻理解的人的有欠考虑。他继承了一种旧的错误观念，即灵魂是呼吸，并沿着原子论的思路实现了它。这种错误观念深深 79

地植根于语言中，一直到今天。所有用来表示“灵魂”的古代语词最初都是指“气”或“呼吸”：*ψυχή*，*πνευμα*，*spiritus*，*anima*，（梵文）*athman*。既然呼吸是气，而气是由原子构成的，所以灵魂也是由原子构成的。这是解决核心形而上学问题的一条可宽恕的捷径。实际上，这一问题至今尚未解决——参见查尔斯·谢灵顿《人的本性》中的出色讨论。

它所导致的一个严重后果令数千年来的思想家感到苦恼，并以一种变化不大的形式困扰我们至今。只要任一时刻原子的后续运动都是由其当前的位置和运动状态唯一决定的，那么由原子和虚空所组成的世界模型便实现了“自然是可理解的”这一基本假定。这样一来，任一时刻所达到的状态必然会产生下一状态，后者又会产生接下来的一个状态，如此永远持续下去。整个过程从一开始就是严格决定的，因此我们看不出它如何会同时包含连我们在内的生命体的行为，我们意识到自己可以在很大程度上通过心灵的自由决定来选择我们身体的运动。倘若心灵或灵魂本身是由以必然方式运动的原子构成的，那么伦理或道德行为似乎就没有位置了。既然我们每时每刻所做的事情都是出于物理定律的强80迫，思考对错还有什么用呢？假如自然律压倒了道德律并使之无效，那么道德律的容身之地何在？

和 2300 年以前一样，这一矛盾至今也没有解决。我们仍然能把德谟克利特的假设分解成非常可信的部分和非常荒谬的部分。他承认：

(a) 生命体内所有原子的行为都是由自然界的物理定律决定的。

(b) 其中一些原子构成了我们所谓的心灵或灵魂。

我认为德谟克利特坚定地相信并持有(a)，尽管无论是否有(b)，它都蕴含着矛盾。的确，如果你承认(a)，那么你身体的运动就是预先决定的，无论你如何看待心灵，你都无法解释为什么可以随意运动身体。

真正荒谬的特征是(b)。

不幸的是，德谟克利特的继承者伊壁鸠鲁及其弟子发现，他们的心灵没有强大到能够面对这一矛盾，遂放弃了可信的假设(a)，而坚持了荒谬的错误(b)。

德谟克利特与伊壁鸠鲁的区别在于，德谟克利特还能谦虚地意识到自己的无知，而伊壁鸠鲁却非常确信自己几乎无所不知。

伊壁鸠鲁给这一体系增加了另一条谬论，他的所有追随者，当然也包括卢克莱修，都认真地重复了这一谬论。伊壁鸠鲁是最纯粹的感觉论者。如果感官给了我们决定性的证据，我们就必须遵从它。如果没有，我们就可以提出任何合理的假说来解释我们所 81 看到的东西。不幸的是，他把太阳、月亮和恒星的大小也当作感官为我们提供的无可置疑的决定性证据。在特别谈到太阳时，他指出(a)太阳的圆周是清晰的，而不是模糊的，(b)我们感觉到了太阳的热。他进一步指出，如果地界的一团大火距离我们足够近，使我们能够清楚地分辨出它的轮廓并且感觉到它的热，那么我们也就看清了它的实际大小，“它有多大，我们看到的就是多大”！结论是：太阳(以及月亮和恒星)就是我们看到的那么大，既不更大也不更小。

主要谬论当然是“就是我们看到的那么大”这一表述。令人惊讶的是，甚至是现代文献学者，在叙述此观点时，让他们感到震惊的不是这种无意义的表述，而是伊壁鸠鲁认同这一点。伊壁鸠鲁没有区分角尺寸和线尺寸——他生活在泰勒斯之后近3个世纪的雅典，而泰勒斯曾像我们一样用三角法测量过船的距离。

但是让我们从字面上理解他的话。他的意思可能是什么？我们看到的太阳有多大？如果太阳就是我们看到的那么大，那么它离我们有多远呢？

太阳的角尺寸是1/2度。由此很容易算出，倘若太阳有10英里远，则它的直径必定约为1/10英里或500英尺。我想任何人都不会认为，太阳给我们的直接印象就和大教堂一样大。如果把太阳的尺寸变为15倍，则它的直径将为1.5英里，而距离为150英里。这就是说，你早晨看见太阳从雅典的东方地平线升起时，它实际上正在从小亚细亚的海岸升起。试想一下：

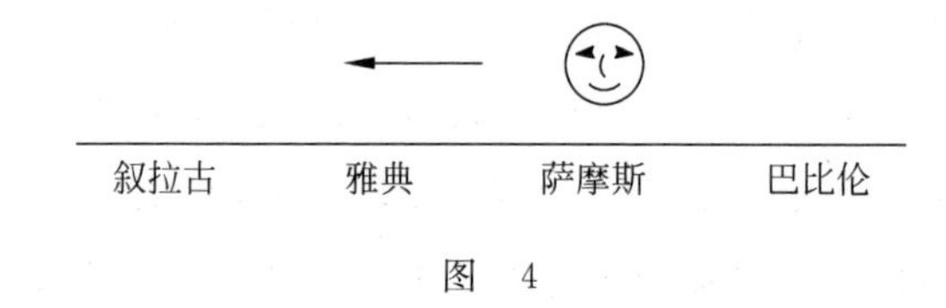

图 4

伊壁鸠鲁认为太阳水平越过了地中海地区吗？由于他对角尺寸的无知，这是很有可能的。

无论如何，我认为这表明在德谟克利特以后，物理学的色彩已经被一些对科学并无实际兴趣的哲学家所消除。这些哲学家的巨大影响使物理学受到了损害，尽管当时在亚历山大里亚等地出现了一些出色的专业研究工作。这些工作对一般人的态度几乎没有影响，其中甚至包括像西塞罗（Cicero）、塞内卡或普鲁塔克

(Plutarch)这样的人。

现在让我们转到本章开头提出的历史问题，我曾说它们并非只有历史意义。这里我们面对的是思想史上最引人入胜的案例之一。令人惊讶之处在于，由伽桑狄和笛卡儿的生平和著作我们可以得知一个实际的历史事实，即在把原子论引入现代科学时，他们很清楚自己是在继承古代哲学家的理论，他们曾对这些哲学家的文本作过深入研究。更重要的是，如果我们采用自然哲学家的标准，而不是采用专家缺乏远见的视角来看，那么古代理论的所有基本特征全都保存在今天的理论中，虽然被大大扩充和详述，但并未改变。另一方面我们知道，对于现代物理学家为了支持那些基本特征而举出的大量实验证据，无论是德谟克利特还是伽桑狄都一无所知。 83

无论这种事情何时发生，我们都必须设想两种可能性。第一，早期思想家做出了一种幸运的猜想，后来被证明是正确的。第二，相关思维模式并非完全基于现代思想家所认为的那些新近发现的证据，而是基于简单得多的已知事实的综合，基于人类理智的先天结构或至少是自然倾向。如果第二种可能性可以得到证明，那么它将至关重要。当然，即使如此，我们也不必把这种观念——这里是指原子论——当成我们心灵的纯粹虚构而加以放弃。但它将使我们更深刻地洞悉我们思想图景的起源和本性。如果可能，这些思考将激励我们查明，古代哲学家是如何构想出不可改变的原子和虚空的。

据我所知，没有什么现存的证据能够指导我们。今天，我们在陈述自己或他人的科学信念时，会感到有必要补充说明，我们或他 84

们为何会坚持这些信念。仅仅说某个人相信某种观点而没有任何动机，我们是不会感兴趣的。而在古代，这种做法并不很常见。特别是所谓的希腊哲学家意见汇编者(doxographoi)通常会满足于说，比如“德谟克利特主张……”。但值得注意的是，在我们现在的语境中，德谟克利特本人把他的洞见看成理智的创造。这可见于下面引用的残篇 125，以及他关于获得知识的两种途径(即真理的和黑暗的)的区分(残篇 11)。所谓黑暗的途径即是感官。当我们试图洞察小的空间区域时，感官并不能使我们如愿。于是，基于一种精密的思维器官而获得知识的真理途径可以帮助我们。除其他事物外，这种真理途径明显指的是原子论，尽管现存的残篇并没有明确提到它。

那么，他精密的思维器官是受了什么东西的引导而产生了原子概念呢？

德谟克利特对几何学极有兴趣，而不像柏拉图那样只是热衷于它。德谟克利特是一位卓越的几何学家。锥体或圆锥的体积是其底面积和高的乘积的三分之一，这一定理正是出自于德谟克利特。对于懂微积分的人来说，这算不了什么，但我碰到过一些优秀的数学家，他们很难回忆起童年时学过的初等证明。如果不是至少在某一步使用了微积分的替代品(就像学童们那样，即卡瓦列里[Cavalieri]原理，至少在奥地利是如此)，德谟克利特几乎不可能得出这一定理。德谟克利特深刻地洞见到了无穷小量的意义和困难。这可见于一个有趣的悖论，他显然是在思考该定理的证明时碰到这一悖论的。用一个平行于圆锥底面的平面将圆锥切成两部分，则切口在两部分(上面的小圆锥和下面的圆锥残余部分)形成的两个圆是相等还是不等？如果不等，那么既然这适用于任何这样的切割，则圆锥的侧表面将不是光滑的而是锯齿状的。如果相等，那么出于同样的理由，这难道不意味着所有这些平行的截面都是相等的，从而圆锥是一个圆柱了吗？

由这一点以及现存的另外两个文本的标题（“论意见差异或论圆与球的接触”、“论无理的线和立体”），我们获得的印象是，他最终清楚地区分了两种东西：一是具有明确性质的体、面或线（如一个锥体、一个正方形表面或一条圆形的线）的几何概念；二是通过一个物体对这些概念的不太完美的实现（一个世纪之后，柏拉图把前一类别看成他所说的“理念”；因此我认为它们是柏拉图理念的原型；于是事情便与形而上学混在一起了。）

让我们结合以下事实来思考这一点：德谟克利特不仅知道爱奥尼亚哲学家的观点，而且可以说延续了他们的传统；此外，正如第四章所说，爱奥尼亚学派的最后一位哲学家阿那克西美尼与我们的现代观点完全一致，他主张，我们所观察到的物质的所有明显变化都只是表面的，它们实际上是源于稀释和凝聚。但如果实际上每一块物质（无论多么小）都变得稀薄或者被压缩，那么说物质本身始终保持不变还有什么意义吗？几何学家德谟克利特很能设想这种“无论多么小”。一个显然的办法是，把任何物体都看成由无数始终保持不变的小物体实际构成，当这些小物体彼此远离时，就发生稀释，当它们更紧密地涌入一个小体积时，就发生凝聚。要使它们能在一定限度内做到这一点，它们之间的空间必须是虚空，即不包含任何东西。与此同时，通过把悖论和挑战从几何概念转到其不完美的物理实现，纯几何陈述的可靠性就可以得到拯救。

86

一个实际的圆锥或任何实际物体的表面其实是不光滑的,因为该表面是由顶层原子形成的,从而布满了小孔,小孔之间有突起。普罗泰戈拉(他提出过这类挑战)可能也说过,当一个实际的球静止在一个实际的平面上时,球上并非只有一点与平面相接触,而是有整个一小块"近乎"接触的区域。所有这一切都不会妨碍纯粹几何的精确性。由辛普里丘(Simplicius)的一句话可以推断,这是德谟克利特的观点。辛普里丘告诉我们,根据德谟克利特的看法,他的物理上不可分的原子在一种数学意义上是无穷可分的。

在过去50年里,我们已经获得了"实际存在着离散微粒"的实验证据。我们这里无法对大量非常有趣的观测做出总结,19世纪末的原子论者即使在他们最无羁的梦里也无法预料。我们可以亲眼看到在威尔逊云室和照相感光乳剂中记录下来的一个个基本粒子的直线轨迹。我们有仪器(盖革计数器)能对进入仪器的宇宙射线粒子做出响应,发出"咔嗒"声。此外,我们可以这样来设计该仪器,使得每发出"咔嗒"一声,普通的商用电表就向前走一个数,从而对给定时间内进入的粒子计数。通过不同方法和在不同条件下完成的这些计数彼此非常符合,而且与早在获得这种直接证据之前就发展起来的原子论相一致。从德谟克利特一直到道尔顿、麦克斯韦(Maxwell)和玻尔兹曼(Boltzmann),伟大的原子论者如果看到证明其信念的这些明显证据,一定会欣喜若狂。

但与此同时,现代原子论陷入了一场危机。那种简单的粒子理论无疑太过幼稚。根据以上对其起源的思索,这一危机并不太让人感到惊讶。如果这些思索是正确的,那么原子论就被锻造成了克服数学连续统的一种武器。我们已经看到,德谟克利特对此非常清楚。对他而言，原子论是弥合物理学的实际物体与纯数学的理想化几何形体之间鸿沟的一种手段。但不仅仅是对德谟克利特。在某种意义上，原子论在其整个漫长历史中一直在执行这一任务，即方便我们对可感物体的思考。一块物质在我们的思想中被分解成数量极多但却有限的组分。我们可以设想能够数清它们，但却说不出1厘米长的直线上有多少个点。在思想中我们可以数出给定时间内相互碰撞的次数。当氢和氯结合成氯化氢时，我们可以在心灵中把两种原子配成一对一对的，认为每一对结合成一个新的小物体，一个化合物分子。这种计数，这种配对，整个这种思维方式，对于发现最重要的物理定理起了重要作用。如果认为物质是一种连续的、无结构的胶状物，那么这似乎是不可能的。因此事实证明，原子论是硕果累累的。然而，我们对它思考越多，就越会好奇它在多大程度上是一种真的理论。它果真完全基于"我们周围实际世界"的实际客观结构吗？在某种重要的意义上，它难道不是受制于人类理解力的本性、即康德所谓的"先天"吗？因此我认为，我们应当完全不带偏见地看待关于存在着个体粒子的那些明显证据，这并不妨碍我们对提供这一知识财富的实验天才表示深深的敬佩。他们每天都在增加这种知识，从而有助于转向一个悲哀的事实，即我们对它的理论理解力正在以几乎相同的速度减少。 89

在本章的最后，我想引用德谟克利特关于不可知论和怀疑论的一些残篇，它们给我留下的印象最深。译文出自西里尔·贝利(Cyril Bailey)。

(残篇6)一个人必须依照以下原则来学习,即他距离真理非常遥远。

(残篇7)我们其实对任何事物都一无所知。但我们每个人的观点都是一种流入(即经由来自外界的“影像”的流入而传递给他)。

(残篇8)真正了解每一个事物是什么,这是一件没有把握的事情。

(残篇9)事实上,我们不能准确无误地认识任何事物,而只能根据我们身体的倾向,根据进入身体和对身体发生作用的那些东西的倾向来认识事物的变化。

(残篇117)我们其实一无所知,因为真理隐藏在深处。

以下是关于理智和感官的著名对话:

(残篇125)(理智:)甜是约定的,苦是约定的,热是约定的,冷是约定的,颜色也是约定的;事实上只有原子和虚空。

(感官:)可怜的心灵,你想用从我们这里获得的证据来推翻我们吗?你的胜利就是你自己的失败。

第七章　特殊特征是什么

90

最后，让我尝试对开篇提出的问题做出回答。

记得伯内特在《早期希腊哲学》的序言中有几句话：科学是希腊人的发明；除了那些受到希腊影响的民族之外，科学从未存在过。在同一本书中，伯内特还说：“泰勒斯是米利都学派的创始人，因此[!]也是第一位科学家。”[1]贡佩茨说（我要引用多一些），我们的整个现代思维方式完全建立在希腊思维的基础之上。因此，它是某种特殊的东西，是许多个世纪以来在历史中发展出来的东西，而不是一般的东西，不是思考自然的唯一可能的方式。他非常强调我们应该知道这一点，认识到这些独特性也许可以把我们从它们几乎不可抗拒的魔咒中解脱出来。

这些独特性是什么？我们科学世界图景的独特的特殊特征又是什么？

关于其中一个基本特性是无可置疑的，那就是假设“自然的表现可以被理解”。我已经反复谈到了这一点。这是一种非唯灵论的、非迷信的、非魔法的看法。关于它还可以说很多。在这种语境下，我们必须讨论以下问题：可理解性究竟意味着什么？科学在什么意义上能够给出解释？大卫·休谟（David Hume，1711—1776）

91

① *Early Greek Philosophy*，p. 40.

的伟大发现是，原因与结果的关系无法直接观察到，所谓因果关系仅仅是惯常的相继——这一基本的认识论发现使古斯塔夫·基尔霍夫(Gustav Kirchhof,1824—1887)和恩斯特·马赫等大物理学家坚称，自然科学无法给出任何解释，而只能对观察到的事实做出一种完备和(马赫)经济的描述，并且只能以此为目标。现代物理学家热情地接受了这种观点，它表现为一种更加精致的实证主义哲学。它有很高的一致性。反驳它即使不是不可能，也是非常困难的。它很像唯我论，但比唯我论合理得多。虽然这种实证主义观点表面上似乎与“自然的可理解性”相抵触，但肯定没有回到昔日迷信和魔法的观点。恰恰相反，它将力的概念从物理学中驱逐了出去，而力的概念乃是万物有灵论在物理学中最危险的残余。科学家很容易轻率地相信自己已经理解了一种现象，而实际上只是通过描述现象而把握了某些事实，就此而言，实证主义观点不啻为一种有益的解毒剂。但我认为，即使从实证主义者的观点来看，我们也不应宣称科学无法给出理解。因为即使(真像他们坚持的那样)我们原则上只能观察和记录事实，并且为了方便记忆而对它92们进行整理，我们在极为不同的知识领域所做出的发现之间，以及这些发现与最基本的一般概念(如自然数字1、2、3、4……)之间也存在着事实联系，而且这些联系是如此惊人和有趣，以至于“理解”一词似乎非常适合我们对其进行把握和记录。在我看来，这方面最显著的例子是热力学理论，它等于把热还原为纯粹的数；类似地，我会把达尔文的进化论称为我们获得真正洞见的一个例子。同样的说法也适用于以孟德尔(Mendel)和德·弗里斯(de Vries)的发现为基础的遗传学。而在物理学中，量子理论已经变得很有希望,但尚不能被完全理解,尽管它在许多方面甚至在遗传学和一般生物学中都很成功和有益。

然而,我认为还有第二个特征。这个特征远没有那么清晰,很少公开显示出来,但具有同样根本的重要性。这个特征就是,科学在试图描述和理解自然时,将这个非常困难的问题作了简化。通过在有待构建的图景中把他自己、他自己的人格、认知主体排除出去或不予理会,科学家下意识地、几乎是无意中对理解自然的问题作了简化。

思想者不知不觉中退回到了外部观察者的角色。这大大方便了任务的完成,但却留下了巨大的空白。只要他没有意识到这种最初的放弃,而试图在世界图景中找到他自己,或者把他自己的思维和正在感知的心灵置于图景之中,就会导致悖论和二律背反。

这重要一步——将自己排除在世界图景之外,退回到观察者的位置,与整个表现毫无关系——获得了其他名称,使之显得非常无害、自然和不可避免。也许可以称之为客观化,即把世界看成一个客体。你在这样做的时候,实际上已经把自己排除在外了。一个常用的表述是"假设有一个我们周围的实际世界"(Hypothese der realen Aussenwelt)。唉,只有傻瓜才会抛弃这一假设!非常正确,只有傻瓜才会这样!但它是一个明确特征,是我们对自然的理解方式的一个明确特征。它是有后果的。 93

我在古希腊著作所能找到的这种观念的最清晰痕迹是我们之前一直在讨论和分析的赫拉克利特残篇。因为我们所构建的正是赫拉克利特那个"共同的世界"。我们正在使世界成为一个客体,使我们所认为的周围的实际世界(正如那个流行的短语所说)由我们的若干意识的重叠部分所构成。无论是否愿意，在这样做的时候，每个人都把自己——认知主体、那个说“我思故我在”(*cogito ergo sum*)的东西——从世界中排除出去，变成了一个外部观察者，他自己并不参与其中。“我在”(sum)变成了“它在”(est)。

果真如此吗？必然如此吗？为什么如此？因为我们没有意识到它。我现在要说明我们为什么没有意识到它。首先，我要说明为什么如此。

“我们周围的实际世界”和“我们自己”，即我们的心灵，是由同样的建筑材料构成的。两者仿佛是由同样的砖块建成的，只不过排列顺序有所不同——感官知觉、记忆影像、想象、思维。当然，还需要一些反思，但我们很容易认同一个事实：物质仅仅是由这些元素构成的。此外，随着科学和自然认识的发展，想象和思维（与粗糙的感官知觉相比）起了越来越重要的作用。

94

这就是实际发生的事情。我们可以认为它们（让我称它们为*元素*）或者构成了心灵，构成了每个人自己的心灵，或者构成了物质世界。但我们无法（或只能极为困难地）同时思考这两样东西。要想从心灵方面转到物质方面，或者反过来，我们就必须仿佛把这些元素拆散，再以完全不同的顺序将其重新组合在一起。例如（例子很难举，但我要尝试一下），此时此刻我的心灵是由我感觉到的周围一切所构成的：我自己的身体，坐在我面前注意听我讲话的你们，我面前的讲座提纲，特别是我想要解释的观念，以及把它们恰当地组织成文。但是现在，请设想我们周围的任何一个物体，比如我的手臂。作为一个物体，它不仅是由我自己对它的直接感觉构成的，而且是由我转动它、移动它、从各个不同角度来看它时所设想的感觉构成的；不仅如此，它也是由我想象你们对它所拥有的知 95 觉构成的，还有，如果你们对它作纯科学的思考，对它做出切割，以确信其内在性质和组成部分，那它也是由你们所能证实和实际发现的东西所构成的，等等。当我把这只手臂作为“我们周围的实际世界”的一种客观特征来谈论时，被包括进来的我的和你们的所有潜在感觉知觉是列举不完的。

下面这个比喻不是很好，但却是我所能想到的最好的：一个孩子收到了一盒精致的积木，大小、形状和颜色各不相同。他可以用这些积木搭建房子、塔、教堂或长城等等，但不能同时搭建两座建筑物，因为在每种情况下他都至少部分地需要同一些积木。

因此我相信，我在构建我周围的实际世界时，的确把我的心灵排除了出去。而我并没有意识到这种排除。然后我非常惊讶地发现，关于我周围实际世界的科学图景是很不完全的。它给出了许多事实信息，把我们的经验按照非常一致的秩序整理好，但对于离我们的心灵最近的、对我们来说真正重要的每一个人却保持缄默。关于红与蓝、苦与甜、身体的痛苦与快乐，它不能告诉我们任何东西；它对美与丑、好与坏、上帝与永恒一无所知。有时科学号称回答了这些领域的问题，但这些回答往往极为愚蠢，以至于不会被我们认真对待。

因此简而言之，我们并不属于科学为我们构建的这个物质世界。我们不在其中，而在其外。我们仅仅是旁观者。我们之所以认为自己在其中，认为自己属于这幅图景，是因为我们的身体在这 96 幅图景中。我们的身体属于它。不仅是我自己的身体，而且我朋友的身体，我的狗、猫和马的身体，还有所有其他人和动物的身体都属于这幅图景。这就是我与它们进行联系的唯一方式。

此外，在这个物质世界中发生的许多更为有趣的变化——运动等等——都蕴含着我的身体，这种蕴含使我感觉自己在部分程度上是这些变化的作者。但这样一来便出现了僵局，这种非常令人尴尬的科学发现是，作为作者的我是不需要的。在科学的世界图景中，所有这些事件都能自行其是，它们可以用直接的能量相互作用来充分说明。甚至人体的运动也如谢灵顿所说“是它自身的”。科学的世界图景对发生的一切事情都给出了一种非常完备的理解——只是使之变得过于可理解了。它使人可以把世界的整个表现都设想为机械钟的行为，由于科学所认识的一切，此机械钟会像现在这样按部就班地运转下去，而没有意识、意志、努力、痛苦、快乐和责任与之相关联。这种令人不安的状况之所以产生，是因为为了构建外部世界的图景，我们使用了极度简化的手段，把我们的人格排除了出去，从中移走了。因此它去了，消失了，似乎是不需要的。

97 尤为重要的是，这就是为什么科学的世界观本身并不包含伦理价值和美学价值，对我们的终极领域和目标不置一词，而且也不包含上帝（如果你愿意这么认为的话）的原因。我从哪里来，又要往何处去？

科学不能告诉我们，为什么音乐能使我们愉快，为什么一首老歌能使我们感动得流泪。

我们相信，在后一情况下，科学原则上能够详细描述，从压缩和扩张的波进入我们的耳朵，到某些腺体分泌出一种咸味的液体并从我们的眼中涌出，在此期间我们的感觉中枢和“运动中枢”发生的所有事情。但对于与这一过程相伴随的悲欢之情，科学全然不知，因此保持缄默。

涉及“至一”(the great Unity)——巴门尼德所说的“一”——问题时，科学也保持缄默。我们是“至一”的一部分，属于“至一”。在我们这个时代，它最流行的名称就是“上帝”。科学通常会被贴上无神论的标签。根据前面所述，这并不奇怪。如果它的世界图景甚至连蓝、黄、苦、甜、美、快乐和悲伤也不包含，如果人格被排除在外，那它如何可能包含人类心灵中最崇高的观念呢？

世界广阔而壮美。我对这个世界中事件的科学认识涉及亿万年。然而，它似乎以另一种方式包含在我可怜的几十年寿命中。与无法测量的时间相比，甚至在我已经学会测量和估算的有限的亿万年中，我的寿命有如沧海之一粟。我从哪里来，又要往何处去？这就是那个伟大的、深不可测的问题，它对我们一视同仁。对于这个问题，科学没有答案。但科学代表着我们在可靠的、不容置疑的知识方面所能达到的最高水平。 98

然而，我们人类的历史至多只有50万年左右的时间。根据我们业已获得的知识，甚至在这个特殊的星球上，我们或许还能延续数百万年。这一切都使我们感到，在此期间我们获得的任何思想都不是徒劳无益的空想。

参考文献

BAILEY, CYRIL, *The Greek Atomists and Epicurus*. Oxford University Press, 1928.

——*Epicurus*. Oxford University Press, 1926 (extant texts with translation and commentary).

——*Translation of Lucretius' De rerum natura* (with introduction and notes). Oxford University Press, 1936.

BuRNET, JOHN, *Early Greek Philosophy*. London: A. and C. Black, 1930 (4th ed.).

——*Greek Philosophy, Thales to Plato*, London: Macmillan and CO., 1932.

DIELS, HERMANN. *Die Fragmente der Vorsokratiker*. Berlin: Weidmann, 1903(1st ed.).

FARRINGTON, BENJAMIN. *Science and Politics in the Ancient World*. London: Allen and Unwin, 1939.

——*Greek Science*, I (Thales to Aristotle); II (Theophrastus to Galen). Pelican.

GOMPERZ, THEODOR. *Griechische Denker*. Leipzig: Veit and Comp., 1911.

HEATH, SIR THOMAS L. *Greek Astronomy*. London: J. M. Dent and Sons, 1932.

——*A Manual of Greek Mathematics*. Oxford University Press, 1931.

HEIBERG, J. L. *Mathematics and Physical Science in Classical Antiquity*. Oxford University Press, 1922.

MACH, ERNST. *Populärwissenschaftliche Vorlesungen*. Leipzig: J. A. Barth, 1903.

MUNRO, H. A. *Titus Lucretius Carus, De rerum natura*. Cambridge, Deighton, Bell and Co., 1889.

RUSSELL, BERTRAND. *History of Western Philosophy*. London: Allen and Unwin, 1946.

SCHRÖDINGER, E. 'Die Besonderheit des Weltbilds der Naturwissenschaft'. *Acta Physica Austriaca* 1, 201, 1948.

SHERRINGTON, SIR CHARLES. *Man on his Nature*. Cambridge
University Press, 1940(1st ed.).

WINDELBAND, WILHELM. *Geschichte der Philosophie*. Tübingen und Leipzig: J. C. B. Mohr, 1903.

科学与人文主义

我们时代的物理学

献给我三十年来的同伴

序　言

1950年2月，在都柏林大学学院高等研究院的赞助下，我以“科学作为人文主义的一个组成部分”为题做了四次公众讲演。无论是这个标题还是这里选用的缩略标题都不能充分涵盖全部讲演，而只能涵盖前几节的内容。在其余的部分，从第11页起，我打算描述20世纪物理学逐渐发展至今的状况。我是根据标题和之前的内容对其进行阐述的，以此为例来表明我对科学事业的看法，即科学是人类为了把握人类处境所做努力的一部分。

感谢剑桥大学出版社使这本小册子很快得以出版，还要感谢都柏林高等研究院的玛丽·休斯敦(Mary Houston)小姐绘制插图并审阅校样。

E. S.，1951年3月

105

科学对生活的精神影响

科学研究的价值是什么？众所周知，在我们这个时代，一个人要想真正对科学的进展做出贡献，就必须变得专业，其程度超出了以往任何时代。这意味着尽可能地学习某一狭窄领域中一切已知的东西，然后尝试通过自己的工作——研究、实验、思考——来增加这方面的知识。在致力于这种专业活动时，我们有时自然会停下来思考它究竟有什么用。增进某一狭窄领域的知识，这本身是否有价值？一门学科——如物理学、化学、植物学或动物学——的各个分支所取得的所有成就本身是否有价值？甚至所有学科所取得所有成就本身是否有价值？其价值是什么？

许多人，特别是那些对科学并不十分感兴趣的人，在回答这个问题时，往往会指出科学成就使技术、工业、工程等方面发生的实106际转变。事实上，在不到两个世纪的时间里，科学已经把我们的整个生活方式变得面目全非，而且可以预料，它在未来还会带来更快的变化。

很少有科学家会赞同这种对其事业的功利主义评价。当然，价值问题是最微妙的，要给出无可争议的回答几乎是不可能的。不过，我想给出三个主要观点来反对这种看法。

首先，我认为自然科学与大学或其他知识促进中心所培养的其他类型的学问——或德文所说的 Wissenschaft——大体相同。

想一想历史学、语言学、哲学、地理学、音乐史、绘画史、雕塑史、建筑史甚至是考古学和史前史等方面的研究，没有人愿意把这些活动与人类社会状况的实际进步联系起来，并以此作为自己的主要目标，尽管这些活动的确会经常促进社会状况的进步。在这方面，我看不出科学的地位有何不同。

其次（这是我的第二个观点），某些自然科学学科对人类社会的生活显然没有任何实际影响，比如天体物理学、宇宙学以及地球物理学的某些分支。以地震学为例，众所周知，我们对地震几乎不可能做出预测，即事先警告人们离开住所，就像风暴来临之前通知拖网渔船归岸一样。地震学所能做的仅仅是对未来可能在危险地带定居的人发出警告。然而，即使没有科学的帮助，这些地带恐怕也已经因为惨痛的经历而为人所知了。但这些地方往往还是人口密集，因为人类对肥沃土地的需求正变得越来越迫切。 107

第三，随着自然科学的飞速进步，我极为怀疑技术和工业的发展是否增加了人的幸福。这里我无法深入细节，也不会谈及未来的发展——正如奥尔德斯·赫胥黎（Aldous Huxley）最近发表的极为有趣的小说《猿和本质》（*Ape and Essence*）中所描述的，地球表面遭到人工放射性的污染，给人类带来了恐怖后果。这里，我们只考虑非凡的现代交通工具所导致的世界"尺寸的急剧减小"。如果用最快的交通工具的小时数而不是用英里来衡量，那么一切距离几乎都缩小为零。但如果是用哪怕最便宜的交通工具的花费来衡量，那么即使在最近的一二十年里，其费用也已经增加了一两倍。结果，许多亲朋好友被前所未有地分散在地球各地。他们往往并不富有，因此无缘再见。即使能够见面，短暂相聚之后，他们也不得不承受伤心的离别。这难道促进了人的幸福吗？这些只是极少数突出的例子，关于这一话题，我们还可以谈几个小时。

108　让我们转向人类活动中那些不太阴暗的方面。你可能会问——现在你一定会问我：那么，你认为自然科学的价值是什么呢？我的回答是：它的范围、目标和价值与人类任何其他知识分支都一样。而且，只有它们结合成的整体，而非单独某一分支，才谈得上范围或价值。这描述起来很简单：遵守德尔菲神的诫命，认识你自己。或者用普罗提诺简短而令人难忘的话来说(《九章集》VI,4,14)："那么我们，我们到底是谁？"他继续说："也许在这个宇宙产生之前，我们已经在那里，是与现在不同的人，甚至是某种神、纯净的灵魂和心灵，与整个宇宙合而为一，是理智世界的一部分，没有被分离或隔断，而是与整体合一。"

我生在这样一种境遇中——我不知道自己从哪里来，又要往何处去，不知道我是谁。这是我的处境，也是你们每一位的处境。每个人永远都会处在这一境遇，这一事实什么也没有告诉我。最急迫的问题是从哪里来和往何处去，但我们所能考察的只有当下的境遇。这就是为什么我们会急于弄清楚这一切的原因。这就是科学、学问、知识，这是人类所有精神追求的真正源泉。对我们所置身的时空环境，我们试图尽可能地弄清楚。在此过程中，我们感到愉悦，觉得极有意思。(也许这就是我们存在的目的？)

109　这似乎是简单而自明的，但需要指出：一群专家在某个狭窄领域所获得的孤立知识本身是没有任何价值的，只有当它与其余所有知识综合起来，并且在这种综合中真正有助于回答"我们是谁"这个问题时，它才具有价值。

20世纪20年代，西班牙大哲学家何塞·奥尔特加-加塞特(José Ortega y Gasset)发表了一系列文章(经过多年流放，他现在回到了马德里，尽管我认为他既不是社会民主党人，也不是法西斯主义者，而仅仅是一个深明事理的普通人)，后来这些文章收在了《大众的反叛》(*La rebelión de las masas*)一书中。顺便说一句，该书与社会革命或其他革命毫无关系，这里的“反叛”纯粹是隐喻性的。机器时代导致人口数量激增，人类的需求空前高涨，且变得无法预料。我们在日常生活中越来越需要与他人打交道。无论我们需要或渴求什么，一条面包或一磅黄油，一次搭车或一张戏票，一次安静的度假或一次出国旅游的机会，一间住房或一份营生……总是有许许多多的人有同样的需要或渴求。这种需求的空前高涨 110 所导致的新的形势和发展正是加塞特著作的主题。

书中讲了一些极为有趣的观察。兹举一例(尽管它不是我们现在要关心的)，书中有一章的标题是“最大的危险：国家”(El major peligro，el estado)。他在那里宣称，国家以保护我们为借口(实无必要)，正在越来越强势地剥夺个人的自由，这是对未来文化发展的最大威胁。但我这里想谈的是前一章，题为“专业化的野蛮”(La barbarie del ‘especialismo’)。初看起来，它似乎显得悖谬，可能会吓你一跳。作者大胆地把专业化的科学家刻画成冷酷无情的无知暴民——大众人(hombre masa)——的典型代表，他们危及真正文明的存活。这里我只能挑选几段，看看他是怎样对“这种史无前例的科学家”做出精彩描述的。

在一个真正有教养的人所必须具备的知识当中，他只熟悉某一门特殊的学科，甚至就是对这门学科，他也只是了解他所研究的那一小部分。他宣称根本不要过问自己所专注的狭窄领域之外的任何东西，并认为这是一个优点，还把旨在综合所有知识的好奇心斥之为不务正业。

111 不过，这样的人虽然受制于自己狭窄的视野，但的确成功地发现了新的事实，不知不觉中推动了其学科的发展，并随之促进了整个人类思想的前进（他对此是完全忽视的）。这种事情是如何可能的，又何以继续可能呢？我们必须强调这个不可否认的事实的不正常性：实验科学的进展在很大程度上要归功于一些非常平庸、甚至连平庸也算不上的人的工作。

我的引文就到这里，但我强烈建议你们继续阅读这本书。距离该书首版，时间已经过去了20多年。在此期间，我注意到，与加塞特所谴责的可悲事态相反的希望迹象已经出现。这并不是说我们可以完全避免专业化，即使我们希望这样也不可能做到。但人们正逐渐意识到，专业化并非优点，而是一种无法避免的灾难，所有专业研究只有在知识整体的语境中才有实际价值。这些都是正在取得的进展。一个人如果胆敢就其专业训练之外的主题进行思考、言说和著述，他以前会被指责为不务正业，而现在这种声音已经变得越来越微弱了。对这些尝试进行猛烈抨击的不外乎两种人：要么是很科学的，要么是很不科学的。在这两种情况下，抨击的理由都是很显然的。

在一篇论“德国大学”的文章中（发表于1949年12月11日的112《观察者》上），伊顿中学校长罗伯特·伯利（Robert Berley）引用了

德国大学改革委员会报告中的几段话。引用这些话是为了引人重视,我完全赞同。报告中说:

> 每一位工科大学的讲师都应具备以下能力:
>
> (1) 能够看到本专业的限度。在教学中应使学生认识到这些限度,并向他们表明,超出这些限度,起作用的力量就不再是完全理性的了,而是源于生活和人类社会本身。
>
> (2) 对每一个专业都要向学生表明,如何突破其狭窄的界限,拓展到更宽广的视野,等等。

我不能说这些表述特别有原创性,但谁能指望一个委员会或调查团之类的组织有原创性呢?——集体的人总是很普通的。但我们欣喜甚至是心怀感激地看到,这种态度正在盛行。唯一的批评(如果算是批评的话)是,我们看不出这些要求为什么应当只针对德国工科大学的老师。我认为它们适合于任何大学乃至任何学校的任何一位教师。我会这样来表述这些要求:

务必看到你的特殊专业在人类生活悲喜剧的演出中所扮演的角色;要与生活保持联系——需要联系的与其说是实际生活,不如说是生活的理想背景,后者总是更为重要;而且,要让生活与你保持联系。如果你最终无法告诉别人你一直在做什么,你所做的事情就毫无价值。 113

科学的实用成果有可能掩盖其真正意义

研究院规定我们每年都要做公众讲演，我认为这可以帮助我们建立和维系我们小范围之间的联系。事实上，我认为这是这些讲演唯一的目的。这项任务并不简单，因为必须有某种背景作为出发点，而正如你们所知，无论在哪个国家，科学教育都备受忽视，尽管有些国家做得好一点。不幸的是，这种状况被一代代沿袭下来。受过教育的人大都对科学不感兴趣，也不知道科学知识是人类生活理想主义背景的一部分。许多人完全不知道科学究竟是什么，他们认为科学的主要任务就是发明新机器，或者是帮助发明新机器，以改善我们的生活条件。他们宁愿把这项任务留给专家去做，就像让管道工来修理水管一样。如果让持这种看法的人决定我们的孩子要上的课程，其结果必定会像我方才描述的那样。

当然，这种态度仍然盛行是有历史原因的。科学对生活的理想主义背景一直有很大影响——也许中世纪除外，那时科学在欧洲几乎还不存在。但必须承认，即使是更近的时代也有一段间歇，容易使人低估科学的理想主义任务。我所说的间歇是指 19 世纪下半叶。在这一时期，科学爆炸性地迅猛发展，与之相伴随的还有工业和工程的迅猛发展，对人类生活的物质特征产生了极大影响，以至于大多数人都忘记了其他任何联系。更糟糕的是，物质的极

114

大发展导致了一种唯物主义观点，这种观点据说源于新的科学发现。我认为，在接下来半个世纪（这半个世纪即将结束）里，这些情况使科学在许多方面都遭到了有意忽视。因为学者的看法与普通公众对学者看法的看法之间总是有一个时间差。如果把 50 年作为这个时间差的平均长度，我认为这个估计并不过分。

尽管如此，在刚刚过去的 50 年，即 20 世纪上半叶，我们见证了一般科学特别是物理学的发展前所未有地改变了我们西方人对通常所说的“人类境况”的看法。我毫不怀疑，要想让普通公众中受过教育的人意识到这种改变，至少还需要 50 年左右的时间。当然，我并不是一个理想主义的梦想家，并不指望通过几次公众讲演就能加快这一进程。但另一方面，这一同化过程不会自动完成，而需要我们努力争取。我将尽力完成我的任务，相信别人也能完成他们的任务。这是我们使命的一部分。 115

我们物质观念的根本变化

现在，我们要回到一些特殊的话题。如果你们认为我前面讲的仅仅是一个引子，那它可能显得略长了些，但我希望它本身有一些意义——这是我无法避免的，我必须把情况讲清楚。我告诉你们的新发现本身并不令人振奋，真正令人振奋的、新奇的、革命性的东西是我们尝试将它们综合起来时不得不采取的一般态度。

让我们直入主题，即物质问题。什么是物质？我们如何在心灵中描绘物质？

问题的第一种形式是荒唐可笑的。（我们怎么能说物质是什么，或者电是什么？——两者都只是给予我们的现象。）问题的第二种形式已经显示出态度的整体改变：物质是我们心灵中的一种意象——因此心灵先于物质（尽管我的心灵过程从经验上奇特地依赖于某一部分物质即我的大脑的物理数据）。

116

19 世纪下半叶，物质似乎成了我们所能坚持的永恒的东西。物质从来也不是创造出来的（如物理学家所了解的那样），而且永远也不会毁灭！你可以紧紧抓住它，感觉它不会从你的手指中逐渐消失。

不仅如此，物理学家们断言，这种物质的行为和运动服从严格的定律——每一块物质都是如此。它是按照邻近部分的物质根据其相对位置施加于它的力来运动的。你可以预言它的行为。它在未来的所有运动都由初始条件严格地确定。

至少在物理科学中,就外部无生命物质的运动而言,这一切都是非常合意的。但在应用于我们自己的身体或朋友的身体、甚至是猫和狗的身体的组成物质上时,一个众所周知的困难出现了:生命体显然能够自由地随意移动其四肢。后面我们还会讨论这个问题。这里我想试着解释一下我们的物质观念在过去半个世纪里发生的根本变化。这种变化是不知不觉中逐渐发生的,任何人都没有为这种变化而努力。我们相信自己仍然在旧的"唯物主义"思想 117 框架下行动,但事实证明我们已经离开了它。

我们的物质观念已经变得比19世纪下半叶"更少唯物主义"了。这些观念仍然很不完善,很模糊,在许多方面仍然不够清晰,但物质已经不再是空间中那种简单可触的粗糙的东西,以至于我们可以追随其每一部分的运动,查明其运动所服从的精确定律。

物质是由相隔较大距离的粒子构成的,嵌在虚空中。这种观念可以追溯到公元前5世纪生活在阿布德拉的留基伯和德谟克利特。这种对粒子和虚空的构想一直保留至今(其变化正是我现在准备说明的)——不仅如此,它有完整的历史连续性;也就是说,每当这种观念被重新捡起时,人们很清楚自己是在继承古代哲学家的概念。此外,它在实际的实验中经历了所能设想的最大胜利,古代哲学家即使在最大胆的梦中也无法想象。例如,通过最为简单和自然的方法,斯特恩(O. Stern)成功地确定了银蒸气在喷射过程中原子的速率分布,图1是它的一幅粗略示意图。带有字母A、B、C的外圆表示一个密闭圆筒的横截面,内部抽成完全的真空。点S标出了一根白炽银线的横截面,这根银线沿着圆筒的轴线延 118

展并且不断蒸发银原子,银原子沿直线粗略地说就是沿径向飞出。然而,围绕 S 同心放置的圆筒防护罩 Sh(小圆)使原子只能从开口 O 飞出,O 表示与线 S 平行的一条窄缝。如果没有其他作用,它们会直着飞到 A,在那里被俘获,一段时间之后沉积成一条黑色窄线(与线 S 和窄缝 O 平行)。但是在斯特恩的实验中,整个装置绕轴 119 S 高速旋转,就像在陶工的轮子上一样(旋转方向如箭头所示)。这会导致飞行的原子——当然,原子本身不会受旋转影响——不再沉积到 A,而会沉积到 A"后面"的点,离 A 越远,原子就越慢,因为在它们到达收集表面之前,收集表面需要转过更大的角度。就这样,最慢的原子在 C 形成了一条线,最快的原子则在 B 形成了一条线。一段时间之后可得到一条宽带,图中示意性地给出了它的横截面。通过测量它的厚度变化,并且考虑整个装置的尺寸和转速,便可确定原子的实际速率,还可确定以不同速率飞行的原子的相对数目,即所谓的速度分布。我还需要解释图中显示的原子路径的扇形分布及其曲率,它们似乎与我所说的飞行原子不受装置旋转的影响相矛盾。我擅自画了这些线,尽管它们并非原子的"实际"路径,而是对一个参与装置旋转的观察者(就像我们参与地球的旋转一样)所显示的路径。这些"相对路径"在旋转过程中保持不变,明白这一点很重要。于是,要想形成大量沉淀物,我们可以让旋转一直持续下去。

在麦克斯韦阐述了气体理论多年之后,这些重要的实验定量 120 地确证了他的理论。今天,更多出色的研究已经使这些实验黯然失色,几乎被人遗忘。

单个快速粒子撞击荧光屏时会发出微弱的闪光,这种效果可

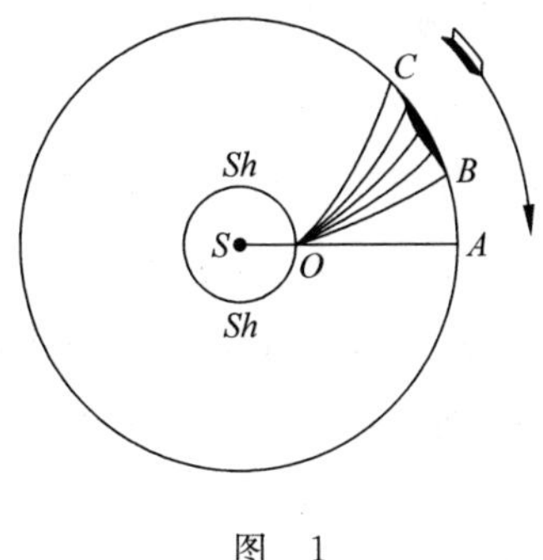

图 1

以观察到。(如果你把一块带有发光数字的手表带到一间黑屋子里,并且用中等倍数的放大镜来观察,你将发现单个氦离子即 α 粒子的撞击所引起的闪光。)在威尔逊云室中,你可以观察到 α 粒子、电子、介子等单个粒子的路径,其轨迹可以拍摄下来,在磁场中的曲率也可以测定出来;穿过摄影感光乳剂的宇宙射线粒子在那里产生衰变时,一级粒子和二级粒子(如果像通常那样带电)的轨迹都可以在感光乳剂中看到。因此,如果用普通程序对感光底片进行冲洗,就能看到这些路径。我还可以举出更多例子(不过这些已经足够)来表明关于物质粒子结构的旧假说是如何得到直接确证的,它们远远超出了前几个世纪最敏锐的预期。

更出乎预料的是,不论我们是否愿意,其他一些实验和理论思考也使我们对所有这些粒子本性的看法在同一时期发生了改变。

德谟克利特和 19 世纪末之前所有追随其思路的人,虽然从未查明单个原子所产生的效应(也许从未有此期望),但仍然确信原子是个体,是具有同一性的小物体,就像我们生活中可以触摸的粗糙物体一样。似乎有些可笑,正当我们以各种方式成功查明了单 121

个个体原子和粒子的轨迹时,我们却不得不否认这样的粒子是一个原则上永远保持其"同一性"的个体。恰恰相反,我们现在不得不断言,物质的最终组分根本不具有"同一性"。如果你此时此刻观测到了某种粒子,比如一个电子,这原则上应被视为一个孤立事件。即使你过了很短时间,在距离第一次观测很近的地方又观测到了一个类似的粒子,即使你有充分的理由认为这两次观测之间存在着某种因果联系,你断言两次观测到的是同一个粒子也没有真正的明确意义。真实情况可能是:这两次观测使得用"同一性"来表达非常方便和合意,但它其实只是言语的缩略;因为在其他一些情形中,"同一性"已经变得完全没有意义;它们之间没有清晰的界限,没有清楚的区分,而是有一种经过中间情形的渐变。我要强调这一点并请你们相信:这并不是一个在某些情况下能够确定同一性而在其他情况下不能的问题。毫无疑问,"同一性"问题的的确确是毫无意义的。

122

形式，而不是实体，基本概念

情况非常令人困惑。你可能会问：这些粒子如果不是个体，那会是什么呢？你可能会提到另一种类型的渐变，即从终极粒子到我们周围可感物体之间的渐变，我们的确给后者赋予了个体同一性。若干粒子构成了一个原子。若干原子进而构成了一个分子。分子有不同大小，有大分子和小分子，但并不存在一个界限，超过它我们就能称之为大分子。事实上，分子的大小没有上限，它可能包含成千上万个原子。它可能是一个病毒或一个基因，在显微镜下可以看到。最后，我们可能会指出，我们周围的任何可感物体都是由分子构成的，分子由原子构成，而原子由终极粒子构成。倘若终极粒子缺乏个体性，那么比如我的手表怎么会有个体性？界限在哪里？由非个体所构成的物体的个体性究竟是如何产生的呢？

细想一下这个问题很有用处，因为它能为粒子或原子究竟是什么提供线索——尽管缺乏个体性，粒子或原子之中有什么东西是永恒的？我家里的书桌上有一个丹麦大狗形状的铁镇纸，狗伏卧着，前爪交叉。很多年前，我就在父亲的书桌上见过它，那时我的鼻子还够不到桌子。多年后父亲去世时，我把这个镇纸留作己用，因为我很喜欢它。它曾陪伴我到过许多地方，直到 1938 年，我因走得匆忙而把它忘在了格拉茨。但我的一位朋友知道我喜欢它，便替我保管起来了。3 年前，我的妻子去奥地利时把它带了回来，这样它又回到了我的书桌上。

我很确信它是同一条狗，即50多年前我在父亲书桌上第一次见到的那条狗。但为什么我如此确信呢？原因很显然，使其同一性变得无可置疑的是它的特殊形式或形状（德文词Gestalt），而不是材料。倘若把它的材料熔铸成人形，确定它的同一性就会困难得多。而且即使材料的同一性是无可置疑的，它的意义也很有限，我可能不会很在乎那个铁块同一与否，而会说我的纪念品已经毁坏了。

我认为这是一个很好的类比，也许不只是一个类比，来说明粒子或原子究竟是什么。因为从这个例子以及其他许多例子中我们可以看到，由许多原子构成的可感物体的个体性乃是源于物体的组成结构，源于物体的形状、形式或组织。材料的同一性（如果有的话）只起次要作用。这特别可见于虽然材料确实已经改变、而你还会谈及“同一性”的情形。一个人在背井离乡20年后回到了儿时的村舍，发现一切如常，这使他深为感动。同一条小河流过同一片草地，草地上生长着他熟悉的矢车菊、罂粟和柳树。池塘边依然有棕白花奶牛和鸭子，牧羊犬摇着尾巴跑过来，欢快地叫着，如此等等。整个地方的样貌和结构都保持着原样，尽管前面提到的许多东西的“材料”都完全改变了，包括我们旅行者的身体本身！的确，他孩提时的身体在最字面的意义上已经“随风飘逝”。逝去了，但也没有逝去。因为如果我可以将这种小说式的快照继续下去，那么我们的旅行者现在会定居下来，结婚生子，他的儿子会和老照片上显示的父亲年轻时的模样很相像。

现在让我们回到终极粒子和像原子或小分子那样的小粒子组

织。旧观念认为，它们的个体性以它们之中的物质同一性为基础。这似乎是一种没有必要的、近乎神秘的补充，它与我们刚才发现构 125 成宏观物体个体性的东西形成了鲜明对照，宏观物体的个体性完全不依赖于这样一种粗糙的唯物主义假设，也不需要它的支持。新观念则认为，在这些终极粒子或小聚集体中，永恒不变的是它们的形状和结构。日常语言习惯蒙蔽了我们，它似乎要求我们无论何时听到"形状"或"形式"，都必定是指某物的形状或形式，物质基体需要有某种形状。从科学上讲，这种习惯可以追溯到亚里士多德所说的"质料因"和"形式因"。但在涉及构成物质的终极粒子时，再去认为它们由某种材料构成似乎是没有意义的。它们仿佛是纯粹的形状，仅仅是形状；在相继的观察中一次次出现的是这种形状，而不是个体的材料小块。

我们“模型”的本性

当然，这里我们必须把“形状”（或 Gestalt）理解成一种比几何形状广得多的含义。事实上，没有任何观察与一个粒子甚或原子的几何形状有关。诚然，在思考原子时，在设计理论以满足观察到的事实时，我们的确经常在黑板上、纸上或者仅仅在头脑中画出几何图形，由数学公式给出的图形细节要比铅笔和钢笔所能给出的精确得多，也方便得多。但这些图形所显示的几何形状并非实际的原子中所能直接观察到的东西。图形仅仅是为了帮助思维，是一种思维工具、一种中介，据此可由已有的实验结果对计划进行的新实验的结果做出合理预期。我们计划这些实验是为了查明它们是否符合我们的预期，从而查明预期是否合理，查明我们所使用的图形或模型是否恰当。请注意，我们宁愿说恰当，而不说真实。这是因为，要使一则描述成为真实的，就必须能把它与实际事实直接相比较。而我们的模型通常并不是这样。

但正如我所说，我们的确用模型来推导可观察的特性。正是这些模型构成了物体的永恒形状、形式或结构，它们与“构成物体的材料小块”通常没有任何关系。

以铁原子为例。只要你愿意，用下面的方法可以将铁原子结构中非常有趣而又极为复杂的部分一次次地显示出来。将少量的铁（或铁盐）放入电弧，拍摄由光栅所产生的光谱，我们会发现数万

条清晰的光谱线，也就是说，铁原子在高温下发射的光包含有数万 127
种明确波长。它们永远是一样的，据我们所知是完全一样，以至于可以根据恒星光谱说出恒星含有哪些化学元素。即使用最强大的显微镜，也无法找出与原子的几何形状有关的任何东西，但我们可以根据它的光谱发现其特有的永恒结构，即使有数千光年之遥！

你也许会说，像铁元素这样的线光谱是一种宏观特性，是灼热蒸气的特性，与它的粗粒结构（它是由单个原子构成的）毫无关系——从未有人观察到完全孤立的单个原子发出的光。这当然不错，但必须注意，目前所接受的物质理论的确把所有这些单色光束的发射归因于单个原子；我们在灼热蒸气中观察到的每个单一波长都被归因于单个原子的几何-力学-电学结构。为了证实这一点，物理学家特别强调一个事实，即这些线光谱只有在稀薄的蒸气态才能观察到，那时原子之间相距很远，不会彼此干扰。灼热的固态铁或液态铁发射出连续光谱，就像每一种其他固体或液体在同样温度下那样——清晰的谱线完全消失了，或者说，它们由于邻近原子的相互干扰而变得非常模糊。

你们也许会问，我们是否应把观察到的线光谱（概括说来，它 128
们与理论相符合）视为一部分间接证据，表明我们的理论所描述的铁原子确实存在，而且它们按照气体理论所说的那样构成了蒸气——一个个物质小块（正是其特殊结构使其发射出谱线）——某种东西的小块，彼此距离很远，在虚空中四处飞舞，偶尔与器壁相撞，如此等等？这就是灼热铁蒸气的真实图像吗？

我在一种更为一般的语境下坚持前面的说法：它当然是一个恰当的图像；但是关于它的真实性，恰当的问题不是问它真实与否，而是问它能否是真的或假的。大概不能。也许我们所能要求的仅仅是恰当的图像，它们能以一种可理解的方式将所有观察到的事实综合起来，并对我们寻求的新事实给出合理预期。

长久以前，也就是整个19世纪和20世纪初，优秀的物理学家已经一再做出类似的声明。他们知道，要想得到清晰的图像，必然需要填充毫无根据的细节。这些无端的添加要想侥幸成为“正确的”，可以说“极不可能”。玻尔兹曼(L. Boltzmann)极力强调这一点；让我把我的模型明确起来，尽管我知道，由永远不完备的间接实验证据，我无法猜到自然究竟是什么样的；但如果没有绝对精确的模型，思维本身就会变得不精确，由模型所得出的推论也就变得模糊不清。

129

但当时的态度和现在有所不同（也许极少数具有一流哲学头脑的人除外），那时仍然有点过于幼稚。虽然我们断言，任何可能设想的模型都肯定有缺陷，迟早要修正，但我们心底里仍然认为有一个真实的模型存在——可以说存在于柏拉图的理念世界——我们可以逐渐接近它，但由于人的不完美，也许永远达不到它。

这种态度现已被抛弃。我们所经历的失败不再指细节，而是某种更一般的东西。我们已经充分意识到一种状况，也许可以概括如下：随着我们心灵的眼睛探入越来越小的距离和越来越短的时间，我们发现，自然的行为与我们周围可见、可触的物体的表现完全不同，以至于根据我们的宏观经验所构造的任何模型都不可能是“真实的”。这种完全令人满意的模型不仅实际上无法获得，甚至是无法设想的。或者更确切地说，我们当然可以设想它，但无论我们如何设想，它都是错误的；也许它不像“三角形的圆”一样无意义，但要比“长翅膀的狮子”更荒谬。

130

连续描述与因果性

让我试着把这一点说得更清楚些。从我们的宏观经验中，从我们的几何学观念和力学——尤其是天体力学——观念中，物理学家们提炼出了对任何物理现象进行真正清晰和完备的描述时所必须满足的一个明确要求：它应当精确地告诉你，任一时刻在空间任一点发生了什么——当然是在你想要描述的物理事件所覆盖的空间区域和时间段内。我们可以把这一要求称为描述的连续性假设。这个连续性假设似乎不可能被满足！我们的图像中仿佛存在着间隙。

这与我之前说的粒子甚或原子缺乏个体性密切相关。如果我在此时此地观察到一个粒子，片刻之后我在距它非常近的地方又观察到一个类似的粒子，那么我不仅无法确定它是否是“同一个”，而且这种叙述并无绝对意义。这似乎很荒唐，因为我们已经习惯于认为，在两次观察之间的任何时刻，第一个粒子必定在某个地方，它必定要走某个路径，不论我们是否知道。类似地，第二个粒子必定来自某个地方，在我们第一次观察时，它必定存在于某个地方。因此从原则上讲，必须能够确定这两条路径是否是同一条，以及它是否是同一个粒子。换句话说，根据适用于可感物体的思维习惯，我们认为可以对粒子进行连续观察，从而确定它的同一性。

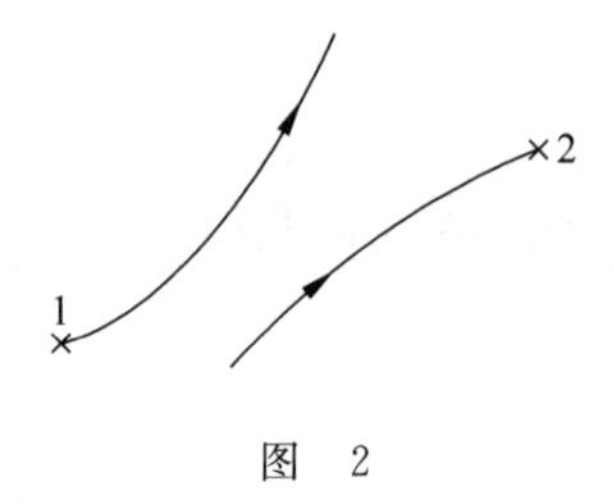

图 2

这种思维习惯必须放弃。我们绝不承认连续观察的可能性。各个观察应被当作离散的无关联事件。它们之间存在着我们无法充填的间隙。在一些情况下，倘若我们承认连续观察的可能性，就会把所有事情打乱。因此我才会说，最好不要把粒子看成一个永132恒的东西，而要看成瞬间的事件。有时这些事件会形成链条，造成永恒之物的错觉——不过对于每一种情况而言仅仅是在特殊情形中和极短时间内。

让我们回到我之前更一般的说法，即经典物理学家的天真理想无法实现，他要求空间中每一点在任一时刻的信息至少原则上是可以设想的。这一理想的破灭导致了非常严重的后果。因为当这种描述理想尚未受到怀疑时，物理学家们为了其科学目的，曾以一种非常清晰和精确的方式用它提出了因果性原理——他们只能以这种方式来使用它，普通的说法太过模糊和不精确。这种形式的因果性原理包括“接近作用”(close action)原理(或不存在“超距作用”)，它可表述如下：任何一点 P 在给定时刻 t 的精确物理状态由 P 的某一临域内在之前任一时刻比如说 $t-\tau$ 的精确物理状态所精确决定。如果 τ 很大，也就是说，如果之前的时刻离现在很久，就可能需要知道 P 的较大临域内的先前状态。但随着 τ 的减小，

“影响范围”变得越来越小，而且随着 τ 变得无穷小，“影响范围”也 133
变得无穷小。或者用朴素的语言不够确切地说：任何地方在给定时刻发生的事情都仅仅取决于而且精确取决于直接相邻的区域在“上一刻”发生的事情。经典物理学完全建立在该原理的基础上。在所有情况下，实现它的数学工具都是一个偏微分方程组，即所谓的场方程。

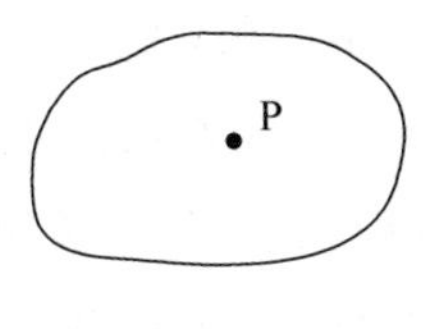

图 3

显然，如果“无间隙”的连续描述理想破灭的话，这种精确表述的因果性原理就垮掉了。这些观念如果碰到涉及因果性的前所未见的新困难，我们不必感到惊讶。我们甚至碰到了这样一种说法(正如你们所知)，即严格的因果性中存在着间隙或裂缝。这是否是定论，现在还很难说。有些人认为问题绝没有解决(顺便说一句，爱因斯坦是其中之一)。稍后，我会讲一下目前用来摆脱这一微妙状况的“紧急出口”。现在我想对连续描述的古典理想再作一些评论。

连续体的复杂性

无论失去它有多么痛苦，我们失去的可能是某种值得失去的

134 东西。它在我们看来似乎很简单，因为连续体的观念在我们看来似乎很简单。由于种种原因，我们已经不再能够看到它的困难。这是因为童年时的一种适应性训练。诸如“0 和 1 之间的所有数”或“1 和 2 之间的所有数”这样的观念，我们已经很熟悉。我们直接从几何上将它们设想成从 0 到任何一点 P 或 Q 的距离。（见图 4）

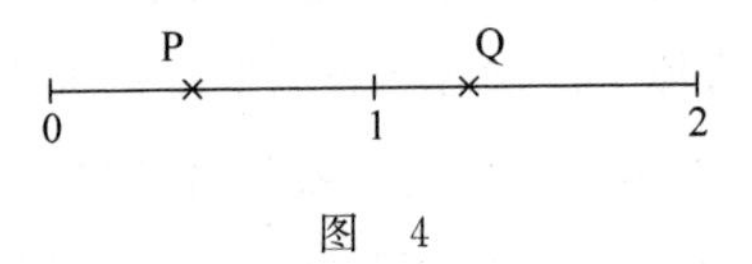

图 4

在像 Q 这样的点当中，也有 $\sqrt{2}$（$=1.414\cdots$）。我们被告知，像 $\sqrt{2}$ 这样的数曾使毕达哥拉斯及其学派焦虑至极。因为我们童年时已经习惯于这些奇怪的数，我们必须小心，不要瞧不起这些古代贤哲的数学直觉。他们的焦虑是值得高度肯定的。他们很清楚，没有任何分数的平方恰好是 2。你可以给出它的近似值，比如 17/12，它的平方是 289/144，非常接近于 288/144 即 2。如果考虑分子、分母比 17 和 12 更大的分数，则它的平方可以更接近 2，但绝不能精确等于 2。

今天的数学家很熟悉的连续域（continuous range）观念是某

135 种很过分的东西，是对我们可理解之物的极大外推。认为对于连

续域内(比如 0 和 1 之间)的每一个点,都应实际标明任何物理量——温度、密度、势能、场强等等——的确切值,这种观念是一种大胆的外推。我们永远只能对数目非常有限的点确定近似值,然后“过它们画一条平滑曲线”。这对许多实际目的来说已经够用,但是从认识论或知识论的观点来看,它与据说精确的连续描述完全不同。而且,即使在经典物理学中也有温度或密度这样的量,它 136 们显然不允许作一种精确的连续描述。但这是由于这些术语所表示的观念——即使在经典物理学中,它们也只有一种统计意义。不过这里我不详细讨论了,否则会引起混乱。

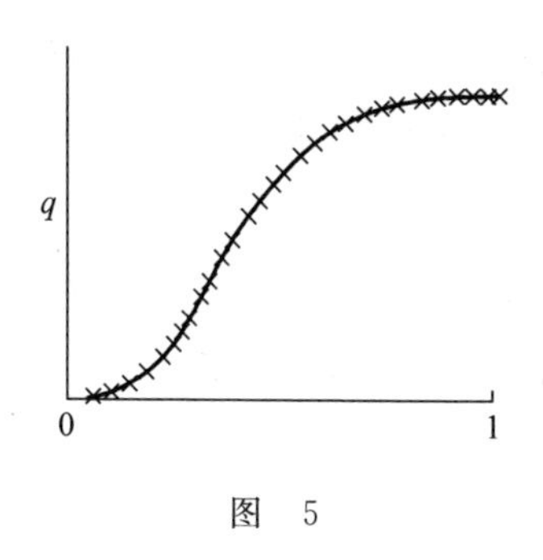

图 5

数学家声称能对其简单的心理建构进行简单的连续描述,这鼓励了对连续描述的要求。比如仍以 0→1 的范围为例,把该范围内的变量称为 x,我们宣称得到了关于(比如说)x^2 或 $\sqrt{x}$ 的清晰概念。

这些曲线是抛物线的一部分(互为镜像)。我们声称完全了解 137 这条曲线上的每一个点,或者说,只要给定水平距离(横坐标),我们就能以任何所需精度给出高(纵坐标)。请注意“给定”和“以任何所需精度”这两种表述。前者的意思是,“我们随时可以给出答

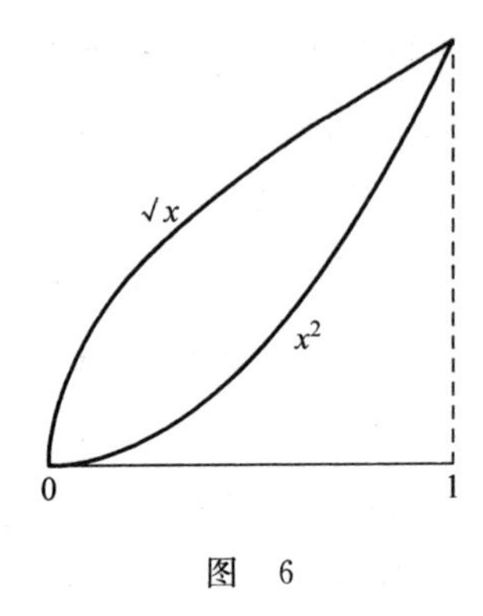

图 6

案”——我们不可能事先为你准备所有答案;后者的意思是,“即使如此,我们一般来说也无法给出一个绝对精确的答案”。你必须说明你所需要的精度,比如精确到小数点后 1000 位,然后我们可以给你答案,如果给我们足够时间的话。

物理上的依赖性总是可以通过这种简单的函数(数学家称它们为“解析的”,意思是“它们可以被分析”)来近似。但认为物理上的依赖性就是这种简单的形式,则是认识论上的大胆一步,而且可能是无法接受的一步。

然而,概念上的主要困难是我们需要极多数量的“答案”,因为138 即使在最小的连续域内也包含着极多的点。这个量——例如 0 与 1 之间点的数目——是如此巨大,以至于即使把“几乎所有点”都去掉,它也几乎没有减小。接下来我以一个例子来说明这一点。

$0 \quad \frac{1}{9} \quad \frac{2}{9} \quad \frac{1}{3} \qquad \frac{2}{3} \quad \frac{7}{9} \quad \frac{8}{9} \quad 1$

图 7

再次设想线段 0→1。如果拿掉一些点、划去它们、排除它们、使它们无法达到(或者无论你怎么说),我想描述剩下的点集。我将使用“拿掉”一词。

首先拿掉包括左边界点在内的整个中间三分之一,即从$\frac{1}{3}$到$\frac{2}{3}$的点$\left(\text{但留下了}\frac{2}{3}\text{这个点}\right)$。在其余的三分之二中,再拿掉包括它们的左边界点在内的“中间三分之一”,但留下右边界点。对其余的“九分之四”用同样方法处理,如此进行下去。

只要这样继续进行几步,你很快就会产生“什么都没剩下”的印象。事实上,我们在每一步都拿掉其余长度的三分之一。假定税务稽查员先从你的收入中每英镑收取 6 先令 8 便士,对其余部分再每英镑收取 6 先令 8 便士,这样一直下去,你很快就会发现自己不剩什么钱了。

现在来分析我们的例子,你会对剩下的数或点感到惊讶。这需要做一些准备。0 与 1 之间的数可以用一个十进制小数来表示,如

$$0.470802\cdots$$

你知道这个数的意思是

$$\frac{4}{10}+\frac{7}{10^2}+\frac{0}{10^3}+\frac{8}{10^4}+\cdots$$

这里我们习惯使用数字 10 是纯粹偶然的,因为我们有 10 个手指。我们还可以使用任何其他数,如 8,12,3,2,……当然,我们需要不同的数字符号来表示一直到所选择的“基底”的所有数。在我们的十进制中需要 10 个数字符号,即 0,1,2,……,9。如果使用 12 做

139

基底，我们就必须发明单个符号来表示 10 和 11。如果使用 8 做基底，那么表示 8 和 9 的符号就变得多余了。

非十进制小数并没有完全被十进制所取代，以 2 为基底的二进制小数非常流行，尤其是在英国。那天我问裁缝，我定做的法兰绒布裤子需要多少布料，他的回答让我吃惊：$1\frac{3}{8}$码。很容易看到，这就是二进制小数

$$1.011$$

意指

$$1+\frac{0}{2}+\frac{1}{4}+\frac{1}{8}$$

同样，一些股票交易的报价不是以先令和便士为单位，而是以 1 英镑的二进制小数为单位，例如£$\frac{13}{16}$，用二进制应写为

$$0.1101$$

意指

$$\frac{1}{2}+\frac{1}{4}+\frac{0}{8}+\frac{1}{16}$$

注意在二进制小数中只出现两个符号，即 0 和 1。

140 对我们现在的目的而言，我们首先需要三进制小数，它以 3 为基底，只使用符号 0,1,2。例如，

$$0.2012\cdots$$

意指

$$\frac{2}{3}+\frac{0}{9}+\frac{1}{27}+\frac{2}{81}+\cdots$$

（后面加点表明这个小数是无限的，如 2 的平方根。）现在让我们回

到前面的问题，看看如何描述在我们图示的构造中剩下的“几乎消失”的数集。稍作思考就会发现，在三进制表示中，我们拿掉的那些点在某处都含数字1。事实上，第一次除去中间三分之一时，我们就除去了所有以

$$0.1\cdots$$

开始的三进制小数。在第二步，我们又除去了所有以

$$0.01\cdots \quad 或 \quad 0.21\cdots$$

开始的三进制小数。如此等等。——这样的思考表明，的确有某种东西剩下来，即三进制小数所有不含1、而只含0和2的那些数，例如

$$0.22000202\cdots$$

(其中的点表示任何只包含0和2的序列。)当然，其中有被排除区间的右边界点$\left(如\ 0.2=\frac{2}{3}或\ 0.22=\frac{2}{3}+\frac{2}{9}=\frac{8}{9}\right)$，我们已经决定 141 保留这些边界点。但还有许多数，比如二位制循环小数0.20，意指0.20202020…，一直到无穷。它是一个无穷级数：

$$\frac{2}{3}+\frac{2}{3^3}+\frac{2}{3^5}+\frac{2}{3^7}+\cdots$$

为了得出它的值，考虑将它乘以3的平方，即乘以9。于是第一项就变成了$\frac{18}{3}$，即6，而其余各项又再次给出同一级数。因此该级数的8倍是6，我们这个数等于$\frac{6}{8}$或$\frac{3}{4}$。

此外，我们还记得，被“拿掉”的区间覆盖了0和1之间的整个区间，这时我们会倾向于认为，与原先的集合(包含0和1之间的

所有数)相比,余下的集合必定“极为稀疏”。但令人惊讶的是,在某种意义上,余下的集合仍然与原先的集合拥有同样多的成员。事实上,我们可以将其各自的成员一一配对,原集合中的每一个数都对应于余下集合中一个确定的数,两个集合都没有任何数剩下来(数学家称之为“一一对应”)。我相信它是如此令人困惑,以致许多读者起初必定会以为误解了这些话,尽管我已经尝试尽可能将它说得清楚些。

这是如何可能的呢?“余下的集合”由只含0和2的所有三进制小数来表示。我们曾经给出一个一般的例子

$$0.22000202\cdots$$

142 (其中的点表示任何只包含0和2的序列。)与这个三进制小数相关联,把它的每一个数字2都替换成1,我们便得到二进制小数

$$0.11000101\cdots$$

反过来,如果把任何二进制小数中的1替换成2,便可得到对“余下的集合”中一个确定的数的三进制表示。既然现在原集合中的任何成员,也就是0与1之间的任何数,都可以由一个而且只可以由一个确定的二进制小数来表示,因此两个集合的成员之间的确可以完全一一匹配。[①]

[我们不妨用例子来解释一下这种匹配。例如,我的裁缝使用的二进制小数

$$\frac{3}{8}=\frac{0}{2}+\frac{1}{4}+\frac{1}{8}=0.011$$

---

① 在十进制中,我们已经用$0.1=0.0\dot{9}$或$0.8=0.7\dot{9}$心照不宣地忽略了例子中这种平凡的重复。

所对应的三进制小数为

$$0.022=\frac{0}{3}+\frac{2}{9}+\frac{2}{27}=\frac{8}{27}$$

也就是说,原集合中的$\frac{3}{8}$对应于余下集合中的$\frac{8}{27}$。反过来,我们先前的三进制数$0.\dot{2}\dot{0}$,我们已经得出它等于$\frac{3}{4}$,其对应的二进制小数$0.\dot{1}\dot{0}$意指无穷级数

$$\frac{1}{2}+\frac{1}{2^3}+\frac{1}{2^5}+\frac{1}{2^7}+\frac{1}{2^9}+\cdots$$

如果把它乘以 2 的平方即 4,我们会得到:2+同一级数。换句话说,该级数的三倍等于 2,该级数等于$\frac{2}{3}$。也就是说,"余下的集合"的数$\frac{3}{4}$对应(或匹配)于原集合中的数$\frac{2}{3}$。] 143

关于我们的"余下的集合",一个非同寻常的事实是,虽然它没有覆盖可测的区间,但仍然有任意连续域的广大延展。特性的这种惊人组合可以用数学语言表述成,虽然其"测度为零",但我们的集合仍然具有连续体的"潜力"。

我展示这些是为了让你们感到连续体有某种神秘的东西。当我们试图用它对自然做出精确描述时,如果出现了明显的失败,我们不必过于惊讶。

波动力学的权宜之计

现在我要谈谈目前物理学家是如何努力克服这一失败的。我们可以称之为“紧急出口”，虽然它的本意并非如此，而是仅仅作为一种新的理论。当然，我指的是波动力学。（爱丁顿称它“不是一种物理理论，而是一种躲避方法——也是一种非常好的躲避方法”。）

情况大致如下。观察到的事实（关于粒子和光以及各种类型的辐射及其相互作用）似乎为时空中的连续描述这一经典理想所 144 不容。（让我举一个例子向物理学家解释我的观点：玻尔 1913 年提出的著名的光谱线理论不得不假定，原子从一种状态突然跃迁到另一种状态，同时发射出一连串数英尺长的光波，其中包含有上万束波，它的形成需要很长时间。但无法提供原子在跃迁过程中的信息。）

因此，观测事实与时空中的连续描述是无法调和的。这看起来似乎是不可能的，至少在许多情况下是如此。另一方面，我们从一种不完全的描述中——从一幅带有时空间隙的图景中——无法得出清晰明确的结论。它导致了模糊的、武断的、不清晰的思想，这正是我们必须全力避免的事情。那么怎么办呢？目前采用的方法可能会令你吃惊。它等于说：我们确实给出了一种符合经典理想的完整描述，在时空中连续而没有留下任何间隙——是对某种东西的描述。但我们并没有声称这个“某种东西”是被观察到的或可观察的事实，更没有声称我们这样就描述了自然（物质、辐射等等）到底是什么。事实上，我们在使用这幅图景（所谓的波动图景）时很清楚它两者都不是。

这幅波动力学图景中没有间隙，在因果性方面也没有间隙。波动图景符合对完全决定性的经典要求。它使用的数学方法是场 145 方程，尽管有时是非常广义的场方程。

但这样一种描述有什么用呢？正如我所说，我们并不认为它描述了可观察事实或自然究竟是什么。有人相信，它可以为我们提供关于观察事实及其相互依赖性的信息。有一种乐观的观点认为，它可以提供我们所能得到的所有这类信息。但这种观点之所以是乐观的（无论它是否正确），仅仅在于它可能使我们傲慢地认为可以拥有原则上所能获得的全部信息。从另一方面来讲它又是悲观的，可以说是认识论上的悲观。因为关于可观察事实的因果依赖性，我们得到的信息是不完备的。（在某个地方一定会露出马脚！）从波动图景中消除的间隙又转移到了波动图景与可观测事实之间的联系上。后者并非与前者一一对应，还有大量模糊不清之处留下来。正如我所说，一些乐观的悲观主义者或悲观的乐观主义者认为，这种模糊不清是本质性的和无可避免的。

这就是目前的逻辑处境。我相信我已经正确描述了它，虽然我很清楚，由于没有例子，整个讨论只是纯逻辑的，始终有些苍白。我也担心你们会对物质的波动理论产生一种过于不好的印象。我应改进这两点。波动理论并非昨天的产物，也不是 25 年前产生 146 的。它最初是作为光的波动理论（1690 年惠更斯提出）而出现的。

在100年①的时间里，光波基本上被视为一种无可争议的实在，光的衍射和干涉实验已经无可置疑地证明，光波是实际存在的某种东西。我想即使在今天，许多物理学家——肯定不是实验主义者——也不愿意赞同“光波实际上并不存在，它们只是认识上的波”(不严格地引用金斯爵士的话)。

如果用显微镜来观察一个狭窄的光源L，即一根发光的几微米粗的沃拉斯顿(Wollaston)线，显微镜的物镜被一个有两条平行狭缝的屏覆盖着，则我们(在与L共轭的像平面内)会发现一组彩色条纹，它们定量地精确符合如下观点：已知颜色的光是某一小波长的波动，紫色光波长最短，红光波长约为它的两倍。这是能够证明同一观点的数十个实验中的一个。那么，波的这种实在性为什么会变得可疑呢？有两个原因：

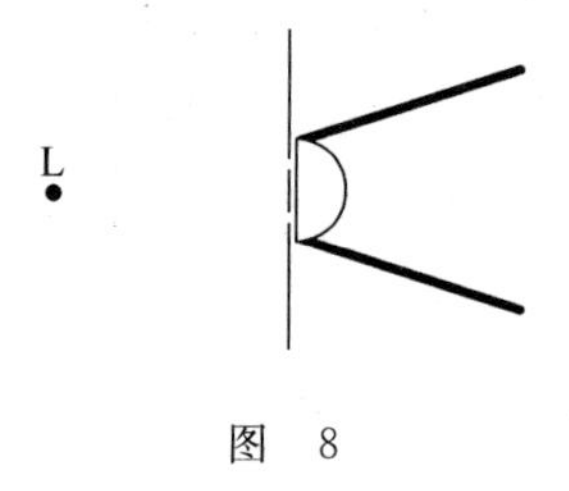

图 8

(1) 类似的实验曾经用阴极射线束(而不是用光)做过；据说阴极射线显然是由单个电子构成的，它们能在威尔逊云室中产生“轨迹”。

(2) 有理由认为，光本身也是由被称为“光子”的单个粒子构

① 并非紧接着的100年。牛顿的权威使惠更斯的理论在一个世纪左右的时间里没有受到足够的重视。

成的。

关于这一点，有人可能会指出，要想解释干涉条纹，在这两种情况下波的概念都是不可避免的。他还可能指出，粒子并非可识别的物体，它们或许可以被看成像波阵面内的事件那样的爆发——正是这些事件使波阵面能被观察到。因此他可能会说，这些事件在某种程度上是偶然的，因此各个观察之间没有严格的因果联系。 148

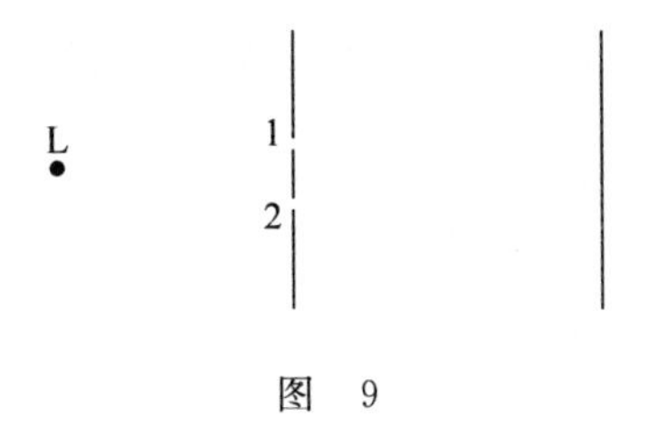

图 9

让我详细解释一下，为什么光和阴极射线这两种情况下的现象无法通过单个的、个体的、持久存在的微粒概念来理解。对于我所谓的我们描述中的“间隙”以及粒子“缺乏个体性”，这也提供了一个例子。为了论证的方便，我们对实验安排作最大程度的简化。考虑一个很小的点光源，它朝各个方向发射微粒。屏上有两个小孔，都带有遮板，我们可以先开一个小孔，再只开另一个小孔，然后全打开。屏幕后面有一个照相底片，收集从开孔射出的微粒。底片冲洗后，它将显示出单个微粒的撞击痕迹，每一次撞击都能使一粒溴化银显影，从而使底片上显示出一个黑点（这与实际情况非常接近）。 149

现在我们只打开一个孔。你也许会预期，暴露一段时间之后，

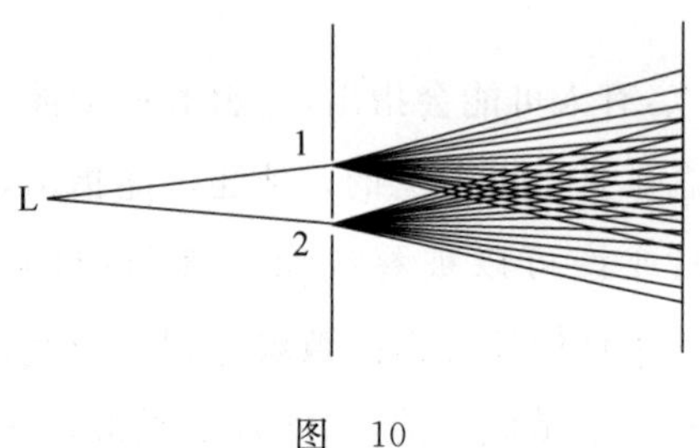

图　10

我们将得到围绕在一个点附近的团。但实际情况并非如此。粒子似乎在开孔处偏离了其直线路径。你会看到黑点铺展得相当宽，尽管中间最稠密，角度越大越稀疏。如果只打开第二个孔，你会得到类似的图样，只不过是围绕另一个中心。

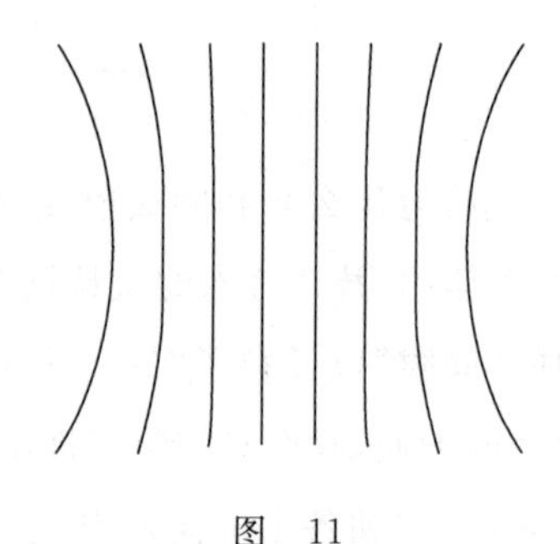

图　11

图中的线表示点很少或没有点的位置，点最常出现于任意两条线之间。中间的两条直线与开孔平行。

150　现在同时打开两个孔，底片曝光的时间和以前一样长。如果以下这种观念是正确的，即单个个体粒子从光源飞向其中一个孔，在那里发生偏折，然后继续沿着另一条直线前进，直到被底片俘获，那么你会期待什么结果？你显然期待之前的两个图样会发生重叠。于是在两个扇形图样重叠的区域内，如果在图样的给定点附近，在第一个实验中每单位面积有25个点，在第二个实验中有16个点，则你会期望在第三个实验中找到25+16=41个点。但实际情况并非如此。如果仍然采用这些数目(为了讨论的方便，随机涨落忽略不计)，那么你所找到的点数可能是介于81和1之间的任何一个数，这取决于底片上的精确位置。决定它的是与孔的不同距离。结果是，我们在重叠部分得到了由稀疏条纹分开的暗纹。

(注意：1和81是这样得到的：$(\sqrt{25}\pm\sqrt{16})^2=(5\pm4)^2=\frac{81}{1}$。)

如果坚信单个个体粒子连续而独立地飞过其中某一个孔，那么就不得不假设某种非常荒谬的东西，即粒子在底片的某些位置基本上彼此摧毁，而在另一些位置又“产生后代”。这种想法不仅荒谬，而且可以用实验推翻。(使光源变得极为微弱以及照射很长时间，这并不能使图样发生改变！)唯一可能的替代方案是假设飞过开孔1的粒子以一种极为神秘的方式受到开孔2的影响。 151

因此，我们似乎必须放弃把通过还原一粒溴化银而显示在底片上的粒子的历史追溯到底的想法。在粒子撞击底片之前，我们说不出它在哪里。我们说不出它是从哪个孔通过的。这是对可观察事件之描述的典型间隙之一，是粒子缺乏个体性的典型特征。我们必须通过光源发射出的球形波来思考，每一波阵面的各个部分通过两个开孔，产生了底片上的干涉图样——但这个图样对于观察是以单个粒子的形式显示出来的。

所谓主体与客体之间壁垒的打破

无可否认，与我所谓旧的“无间断连续描述的经典理想”相比，152 我试图用这个例子表明的自然的新物理特征要更为复杂。于是自然引出了一个非常严肃的问题：这种与我们日常思维习惯相左的看待事物的新的陌生方式，是深植于观察事实中，因此已经成为永久性的东西，永远不会再被抛弃，抑或，这种新的特征并非客观自然的标志，而是人类心灵的设定，标志着我们目前对自然的理解所达到的阶段？

这是一个极难回答的问题，因为即使连客观自然与人类心灵这两个对立的东西究竟是什么意思，也不是完全清楚的。一方面，我无疑构成了自然的一部分，而另一方面，客观自然仅仅作为我心灵的一种现象而为我所知。在思考这个问题时，我们必须牢记的另一点是：我们很容易受到欺骗，将业已获得的思维习惯看成我们的心灵强加于任何自然界理论之上的一种不容反抗的设定。这方面的著名例证是康德把他所认识的空间和时间称为我们心灵的直观形式：空间是外直观形式，时间是内直观形式。在整个19世纪，大多数哲学家都接受了他的这种看法。我并不是说康德的观点是完全错误的，但它肯定过于死板，当新的可能性出现时需要被修正，例如空间本身可能是封闭但无界的；对于两个发生的事件，其中任何一个都可以被看成较早发生的（这是爱因斯坦狭义相对论中最让人惊讶的新颖之处)。

回到我们的问题(无论对它的表述是多么糟糕):不可能作一种连续的、无间隙的、无间断的时空描述,这果真基于不容置疑的事实吗?目前物理学家的通行看法是,情况就是如此。关于这一点,玻尔和海森伯提出了一种非常巧妙的理论,它很容易解释,因此进入了讨论这一主题的最流行的论著中。但这非常不幸,因为其哲学含义通常会遭到误解。在反驳它之前,让我先对它作一简要概述。 153

它说的是:对于给定的物理客体(或物理系统),若没有同它"接触"就无法给出任何事实陈述。这里的"接触"是指实际的物理相互作用。即使仅仅是"看物体",物体也必须被光线击中,而且光线要反射到眼睛里,或者进入某种观测仪器中。这就是说,物体被观测行为所干扰。如果一个物体被严格孤立,我们就无法获得关于它的任何知识。该理论进而断言,这种扰动既非不相干,亦非完全可考察。于是,在一番费力的观测之后,物体处于这样一种状态,它的某些特征(最终观测到的那些)得到了认识,但其他特征(被最终观测干扰的那些)未被认识,或者未被准确认识。这种事态解释了为什么不可能对一个物体做出完全的无间隙描述。

然而,这些推论即使被承认,显然也只能告诉我这样一种描述实际上不可能完成,而不能使我确信,我在心灵中无法形成一个完整的无间隙模型,就我的不完全观测所能达到的程度而言,我所观测到的一切都能通过这个模型正确地推导出来或者预见到。这种情形可能就像桥牌开始时那样。根据游戏规则,我只知道全部 154

52 张牌的 1/4。我还知道，其他每一位游戏者也只有 13 张牌，在游戏过程中不会改变；其他任何人都不会有红桃王后（因为我有这张牌）；有 6 张梅花我不知道是什么（因为我碰巧有 7 张梅花），等等。

也许有人认为，这种解释的意思是，存在着完全确定的物理客体，但我永远无法完全了解它。然而，这将是对玻尔和海森伯及其追随者本意的完全误解。他们说的是，客体不能独立于观测主体而存在。他们认为，近来物理学中的一些发现已经推进到主体与客体之间的神秘边界，事实表明，这一边界根本不是泾渭分明的。我们应当知道，我们观测一个物体时，物体必定会受到我们观测活动的影响或改变。应当知道，在我们改进的观测方法以及对实验结果的思考的影响下，主体与客体之间的神秘界限已被打破。

155 这种观点出自两位最重要的量子理论家，当然特别值得重视。不仅如此，其他几位著名科学家也没有拒斥他们的观点，而是似乎相当认同，这更使他们的观点增加了分量。但这里我要表达一些异议。

我并不认为我对科学从纯粹人类的角度来看所具有的重要性抱有偏见。我已经在本讲演的最初标题和序言中表明，科学是我们回答那个包含所有其他问题的最大的哲学问题之努力的必要组成部分，普罗提诺将它简洁地表述成：*我们是谁？* 不仅如此，我认为这个问题不仅是科学的任务之一，而且是科学唯一真正重要的任务。

但尽管如此，我的第一个异议是，我并不相信对主客体之间的关系及其区分的真正含义所做的深刻哲学探究，要依赖于用称重仪、分光镜、显微镜、望远镜、盖革-米勒计数器、威尔逊云室、照相底片、测量放射性衰变的装置等等进行物理和化学测量所得出的定量结果。要想说清楚我为什么不相信它，这绝非易事。我感觉 156 所应用的手段与需要解决的问题之间有某种不一致。对于其他学科，我并没有感到如此缺乏信心，特别是生物学，尤其是遗传学和有关进化的事实。但这里我不去讨论这一点。

我的第二个异议是，认为所有观察都同时依赖于主体和客体，它们无法摆脱地纠缠在一起，这种主张很难说是新的，它几乎和科学本身一样古老。虽然关于来自 24 个世纪以前阿布德拉的两位伟人普罗泰戈拉和德谟克利特只有很少的报道和引述留下来，但可以说，他们都以各自的方式坚持认为，我们所有的感觉、知觉和观察都带有强烈个人的主观色彩，无法传达物自身的本性（他们之间的区别在于，普罗泰戈拉不依赖于物自身，对他来说，我们的感觉是唯一真实的东西，而德谟克利特的想法则不同）。从那时起，只要有科学，这个问题就会被提出来。这里我们不必谈及数百年间笛卡尔、莱布尼茨和康德对它的态度，而只需强调一点，以免被指责为对今天的量子物理学家不公正。我说过，他们的主张，即主体与客体在知觉和观察中无法摆脱地纠缠在一起，很难说是新的。157 但他们可以提出证据表明，关于它有某种东西是新的。我认为在近几个世纪里，在讨论这个问题时，人们心中主要会想起两种东西，即(1)客体在主体中引起的直接的物理印象，(2)接受这一印象的主体的状态。而在目前的观念次序中，两者之间直接的、物理的因果影响被认为是相互的。据说也存在着主体加诸客体的一种无法避免和无法控制的影响。这种观点是新的,而且更为恰当。因为物理作用总是相互作用,它总是相互的。仍然让我怀疑的仅仅是:把物理上相互作用的两个系统之一称为“主体”是否恰当。因为正在观察的心灵并不是一个物理系统,它无法与任何物理系统相互作用。把“主体”一词留给正在观察的心灵也许要更好。

原子或量子——由来已久的咒语破解术，避开连续体的复杂性

尽管如此，我们试着从各个角度来考察一下这个问题似乎是 158 值得的。我曾在本讲演中触及的一种观点是，目前物理科学中的困难与内在于连续体观念的臭名昭著的概念复杂性有关。但这并没有说出很多东西。它们是如何联系在一起的？其相互关系到底是什么？

看一下物理学在最近半个世纪的发展，你会产生一种印象，即自然界的不连续特征在很大程度上是有违我们意愿地被强加给我们的。连续体似乎让我们感到很舒心。能量不连续交换的观念使马克斯·普朗克大为惊恐，这种观念是他1900年为了解释黑体辐射中的能量分布而引入的。他做了很多努力来弱化这一假说，并且尽可能地摆脱它，但终未成功。25年后，波动力学的发明者们曾一度希望已经为回到经典的连续描述铺平了道路，但事实再次证明，这一希望是靠不住的。自然本身似乎拒斥连续描述，这种拒斥似乎与数学家处理连续体时的困惑毫无关系。

这就是你从最近50年中得到的印象。但量子理论还要再往前追溯24个世纪到留基伯和德谟克利特。他们发明了第一个不连续体——嵌在虚空中的孤立原子。我们的基本粒子概念无论从历史上还是从观念上都源自他们的原子概念。我们只是坚持了

它。这些粒子现在已经被证明是能量子，因为正如爱因斯坦1905 159 年发现的那样，物质与能量是同一种东西。所以不连续的观念是非常古老的。它是如何产生的呢？我想说明，它其实源于连续体的复杂性，可以说是对付它的一种武器。

古代原子论者是如何想到物质的原子论观念的呢？现在，这个问题不仅具有历史意义，而且变得与认识论密切相关了。有时这个问题会以下述方式提出来，人们不无惊讶地问道：那些思想家对物理定律的了解极为贫乏，对所有相关实验事实全然不知，他们是如何想出关于物体构成的正确理论的呢？有时你会看到，人们觉得这种“幸运的发现”是如此令人困惑，以至于宣称它是一个偶然事件，并拒绝认为古代原子论者有什么功劳。他们声称，古代原子论者的原子理论是一种毫无根据的猜想，事实也可能证明它是一个错误。不用说，得出这一奇特结论的肯定是科学家，而绝不会是古典学者。

我拒绝接受这种说法，但我必须回答这个问题。这并不很难。原子论者和他们的想法并非无中生有。在他们之前一个多世纪，米利都的泰勒斯已经开始了伟大的新发明。原子论者沿着爱奥尼亚自然哲学家那条令人敬畏的道路继续走了下去。在这条道路上，原子论者的直接先驱是阿那克西美尼，其主要学说在于强调 160 “稀释和凝聚”的重要性。通过认真思考日常经验，他抽象出一个论点：任何物质都能表现为固态、液态、气态和“火”态，这些状态之间的变化并不意味着本性的改变，而是源于几何变化，仿佛等量的物质被扩展到越来越大的体积（稀释），或者反过来，被减小或压缩到越来越小的体积中（凝聚）。这种观念是如此切中要害，以至于现代的物理科学导论可以不做任何修改地采用它。此外，它肯定不是一种毫无根据的猜想，而是认真观察的结果。

如果你认同阿那克西美尼的观念，那么你自然会认为，物质性质的改变，比如稀释，一定是物质的各个部分彼此远离的结果。但如果你认为物质构成了一种无间隙的连续体，那么要想象这一点是极其困难的。是什么东西远离什么东西？当时的数学家认为一条几何线段是由点构成的。如果只是这样可能还没有什么问题。但如果是一条物质的线段，而且你开始延伸它——它的那些点在彼此远离时，难道不会在其间留下空隙吗？因为延伸不会产生新的点，同一点集不会覆盖更大的区间。

要想摆脱存在于连续体神秘特性之中的这些困难，最简单的就是原子论者所采取的方案，即从一开始就把物质看成由孤立的"点"或小粒子所构成，这些粒子在稀释时彼此远离，在凝聚时彼此靠近，同时自身保持不变。自身保持不变是一个重要的副产品。如果没有它，主张物质在这些过程中内在保持不变就将非常没有把握。原子论者可以讲出它的含义：粒子保持不变，只是它们的几何聚集变了。 161

当前的物理科学是古代科学的直系后代和没有间断的继续。从一开始，它似乎就被一种愿望所引导，即避开连续体观念内在的模糊性，其不可靠的一面在古代比现代和最近更能被感觉到。我们处理连续体时的无能为力可见于当前量子理论的困难，但这种无能为力并非近来才有，它乃是科学诞生的教母——如果你愿意，也可以称它为邪恶的教母，就像童话《睡美人》中的第十三位女巫一样。长期以来，她的邪恶咒语被原子论这一天才发明遏制了。

这解释了原子论为什么会如此成功、持久和不可或缺。它可不是“实际上对它一无所知”的思想家们的幸运猜想,而是强大的咒语破解术。只要驱邪的困难仍然存在,它自然就是不可或缺的。

162

我并不是说原子论终将被放弃。它的宝贵发现,尤其是热的统计理论,当然不会被放弃。没有人能够预见未来。原子论正面临着严重的危机。原子——我们现代的原子,终极粒子——绝不能再被视为可辨识的个体。它与初始原子概念的偏离超出了所有人的预想。我们必须准备好迎接一切。

物理上的不确定性会给自由意志以机会吗?

前面我曾简要触及了那个由来已久的难题,即关于物质事件的决定论观点与拉丁文所谓的 *liberum arbitrium indifferentiae* [中立的决断自由]或现代语言所谓的“自由意志”之间的明显矛盾。我想大家都知道我的意思:既然我们的心灵生活显然与我体内尤其是大脑中的生理过程密切相关,如果后者被物理和化学的自然定律严格而唯一地决定,那么我决定这样做或那样做的不能让与的感觉应当如何来解释呢?我感到要对我实际做出的决定负责,这种感觉应当如何来解释呢?我所做的每一件事情难道不都是由我大脑中的物质事态(包括由外界物体引起的改变)事先机械确定的吗?我的自由感和责任感难道不是假象吗?

在我看来,这的确是一个真正的困难。德谟克利特第一次完全意识到了这个困难,但没有理会。我想这是非常明智的。虽然他坚持把“原子和虚空”当作理解客观自然界的唯一合理方式,但从他留传下来的一些说法可以看出,他也意识到,原子和虚空的整个这幅图景仅仅是人的心灵根据感官知觉的证据而形成的;在其他一些地方,他几乎以康德的口吻表示,关于事物本身究竟是什么,我们一无所知,最终的真理仍然深藏于黑暗之中。

伊壁鸠鲁继承了德谟克利特的物理理论(顺便说一句,他并未致以谢意)。然而不够明智的是,他热衷于向其信徒传授一种公正合理的、不容置疑的道德态度,损害了物理学,并且发明了他那著名的(或臭名昭著的)“微偏”(swerves)概念——它很容易让人想起关于物理事件“不确定性”的现代观念。这里我不想谈论细节,只需说他以一种非常幼稚的方式摆脱了物理上的决定论就够了。他没有建立在任何经验的基础之上,因此没有任何结果。

这个问题本身从未离开我们。在希波的圣奥古斯丁(St. Augustine of Hippo)那里,它作为一个神学难题——至少是作为一个非常类似的逻辑结构问题——非常突出地表现出来。自然定164 律被全知全能的上帝所接管。但对于像他这样信仰上帝的人来说,自然定律显然就是上帝的定律,因此我认为把它称为同一个问题是正确的。

众所周知,圣奥古斯丁的最大难题是:上帝是全知全能的,假如上帝不知道和不愿意,我一件事都没法做——上帝不仅要同意,而且要决定。那么,我怎么会对所做的事负责呢?我推测,对于这样的问题,宗教的态度最终一定是:这里我们面对着一个无法参透的深邃奥秘,但我们肯定不能通过否认责任来尝试解决它。我们绝不能尝试,最好也不要去尝试,因为我们会遭到惨败。责任感是天生的,任何人都无法抛弃它。

不过,我们还是回到这个问题的原初形式以及物理上的决定论在其中所起的作用。很自然地,今天物理学中的所谓“因果性危机”似乎使人看到了从这个悖论或难题中摆脱出来的希望。

或许,所宣称的不确定性可以允许自由意志介入这个间隙,使自由意志能够决定自然法则所没有决定的那些事件?初看起来,这种希望是显而易见的和可以理解的。

有人以这种粗糙的形式作了尝试，德国物理学家帕斯库尔·约尔丹(Pascual Jordan)在一定程度上贯彻了这种想法。我认为这种解决方案无论在物理上还是道德上都是不可行的。首先在物 165 理上，根据我们目前的看法，虽然量子定律无法决定单个事件，但是当同一情形一再发生时，量子定律可以预测相当确定的事件统计。如果这些统计受到某种动因的干扰，那么这种动因将会违反量子力学定律，和它——在量子力学出现之前的物理学中——干扰严格的机械因果律一样令人反感。现在我们知道，关于同一个人对完全相同的道德情形的反应，不存在任何统计——同一个人在相同情况下往往会以完全相同的方式再次行事。(请注意，是完全相同的情形；这并不意味着犯人或瘾君子不能通过说服、示范等外在影响来转变或治疗，但这当然意味着情形已经改变。)我们的推论是，约尔丹的假设——自由意志直接介入以填补不确定性的间隙——即使是以量子理论所接受的形式，也的确干扰了自然定律。但如果付出这样的代价，我们当然可以拥有一切。这并不能解决这一难题。

德国哲学家恩斯特·卡西尔(Ernst Cassirer，从纳粹德国逃亡，1945年在纽约去世)非常强调道德上的反驳。他对约尔丹思想的批判乃是基于对物理学状况的了如指掌。接下来我要对它作简单概述，我认为其思路是这样的。人的自由意志把人的道德行为当作最相关的部分包括进来。如果像今天的大多数物理学家所认为的那样，时空中的物理事件在很大程度上并没有被严格决定，166 而是受制于纯粹的偶然，那么物质世界中发生的事件的这种偶然性肯定最后才被用来作为人的道德行为的物理相关项(卡西尔语)。因为人的道德行为绝不是偶然的,它强烈地受制于各种动机,从最低级的到最崇高的,从贪婪和怨恨到对同类生命的真挚的爱或真诚的宗教感情。卡西尔的清晰讨论使我们强烈感到,把自由意志包括伦理学建立在物理偶然性的基础上是多么荒谬,以至于之前的那个难题,即自由意志与决定论之间的对立,在卡西尔对相反观点的重击之下已经不那么明显甚至几乎完全消失。(卡西尔又说,)"如果这种道德自由的概念和真正含义与可预测性无法调和,那么即使是量子力学所承认的这种缩减程度的可预测性,也完全足以摧毁道德自由"。事实上,我们开始怀疑,这个据称的悖论是否真的如此令人吃惊,物理上的决定论与意志的心理现象也许并不是非常合适的关联物。意志的心理现象总是不容易"从外部"预测,而是通常"由内部"决定。在我看来,这是整个争论最有价值的结果:当我们意识到物理上的偶然性为道德奠定的基础是多么不充分时,天平就会偏向于把自由意志与物理上的决定论调和起来。我们可以对这一点进行详细阐述。诗人和小说家有许多说法都可以作为支持。在约翰·高尔斯华绥(John Galsworthy)的小说《殷红的花朵》(*The Dark Flower*,第一部分,第13章,第2段)中,一个小伙子在晚上忽然想到:"但情况就是这样——倘若事物不恰好就是那样和在那里,你就永远无法思考它们是什么样子。你也无法知道将会发生什么;然而当它发生时,就好像别的事情不可能发生似的。这真是奇怪——在你完成一件事情之前,你可以做任何你想做的事情,但是当你已经完成了它,你才知道你总是不得不……"席勒的《华伦斯坦之死》(*Wallenstein's Tod*)中有下面

167

这段名言(第2章,第3节)：

你们要知道,人的行为和思想
并不像大海盲目掀动的波浪。
人的内心世界,他的微观宇宙,
是深不可测的深坑,思想从那里涌流。
这些思想是必然的,犹如树木结果,
它们不可能是魔术变出来的偶然巧合。
我若探讨,人的内在实质,
也就知道他的愿望和他的行止。

从语境来看,这些诗句的确指向了华伦斯坦对占星术的虔诚 168 信仰。我们往往并不相信占星术。然而,占星术的诱惑力,几千年来它对人类心灵不可抗拒的吸引力,恰恰证明了一个事实:我们不愿把命运看成纯粹偶然的结果,即使(或者说恰恰因为)命运在很大程度上依赖于我们在正确的时刻做出正确的决定。(我们通常缺少为此所需的全部信息,占星术正是在这里有了可乘之机!)

根据玻尔的观点，预言所遇到的障碍

让我们回到主题。为了通过解释来消除这一难题，玻尔和海森伯做了更加严肃而有趣的尝试。其基本思想我已经提到，那就是观察者与被观察物体之间存在着一种不可避免和无法控制的相互作用。他们的推理简要说来是这样的。所谓的悖论在于，根据机械论观点，如果能够精确了解包括大脑在内的一个人身体的所有基本粒子的位置和速度，我们就能预言他自愿的行动，因此这些行动也就不再像他所认为的那样是自愿的了。即使我们无法实际获得这种详尽的知识，也不会影响结论。理论上的可预言性已经使我们感到震惊。

169

对此，玻尔的回答是，这种知识即使在原则上或理论上也无法获得，因为这种精确观察会对“客体”(人的身体)产生强烈干扰，使之分解成单个粒子——事实上会彻底杀死他，以至于连尸体都留不下。无论如何，在“客体”远远超出展现任何自愿行为的状态之前，不可能对行为做出任何预言。

重点当然是“原则上”。相关知识不可能实际被获得，甚至对最简单的生物有机体也是如此，更不用说像人这样更高级的动物了。即使没有量子理论和不确定关系，这一点也是很明显的。

玻尔的想法无疑很有趣，但我要说，我们更多是被它宣判，而不是像在某些数学证明中那样被说服：你必须承认 A 和 B，然后

推出 C 和 D,如此等等,而不能反对其中某一步;最后推出有趣的结果 Z。你不得不接受它,但你看不出它究竟是如何产生的,证明并没有给出线索。在目前的情况下我要说:玻尔的想法向你表明,物理学目前的观点——主要由于缺乏严格的因果性(或由于不确定关系)——原则上阻碍了令人厌恶的可预言性。但你看不出这是如何产生的。考虑到玻尔的推理与缺乏可观测的严格因果性密切相关,你甚至会怀疑它只是约尔丹观点的再现,只不过更精心地伪装起来,以避开卡西尔的论证。

我们可以解释为什么会如此。事实上——尽管玻尔是我认识 170 的人当中最和蔼可亲的人之一——对他提出的观察会杀死被观察物体,我必须指责这种不必要的残忍。我看不出这一假设有什么用处。根据量子力学,它永远给不出所有粒子的位置和速度,因为从目前的观点来看,这是不可能的。经典物理学中这种完备的知识在量子物理学中的等价物是所谓的最大程度观察(maximum observation),它给出了所能获得的最大程度的知识,即有意义的知识。根据目前所接受的观点,没有任何东西能够阻止我们获得关于生命体的这种最大程度的知识。我们必须在原则上承认这种可能性,即使我们很清楚它实际上无法获得。这一事态与经典物理学中完备知识的事态完全相同。不仅如此,就像在经典物理学中那样,你可以由现在的最大程度观察(产生最大程度的知识)原则上推出后一时刻的最大程度的知识。(当然,你也必须同时获得关于作用于客体上的所有动因的最大程度的知识;但这原则上是可能的,它与经典机械论物理学的情形完全类似。)根本区别仅仅在于,后一时刻的所谓最大程度的知识可能会使你对后一时刻客体的实际可

171 观察行为的明显特征产生怀疑——流逝的时间越长就越是如此。

于是，玻尔的想法似乎由量子理论所坚持的缺乏严格因果性而再次证明，生命体的行为在物理上是不可预言的。我认为，根据前面概括的理由，无论这种物理上的不确定性在有机生命中是否起重要作用，我们都绝不能让它成为生命体意愿活动的物理对应。

最后结论是，量子物理学与自由意志问题毫无关系。即使存在这样一个问题，物理学的最新发展也不会对它有丝毫促进。让我们再次引用卡西尔的话："于是我们已经很清楚……物理因果性概念的一种可能转变不可能对伦理学有任何直接影响。"

参考文献

A. S. Eddington, *The Nature of the Physical World* (Gifford Lectures 1927). Cambridge University Press, 1929.

Ernst Cassirer, *Determinismus und Indeterminismus in der modernen Physik*. Götheborgs Högskolas Arsskrift 42; Götheborg, 1937.

Pascual Jordan, *Anschauliche Quantentheorie*. springer, Berlin, 1936.

N. Bohr, 'Licht und Leben', *Naturw*. 21, 245, 1933.

W. Heisenberg, *Wandlungen in den Grundlagen der Naturwissenschaft*. S. Hirzel, Leipzig, 1935– 1947.

M. Born, *Natural Philosophy of Cause and Chance*. Oxford University Press, 1949.

Volume VII of the 'Library of Living Philosophers', *Albert Einstein: Philosopher-Scientist*. (A collective volume, concluded by a critical essay of Einstein's, an excerpt of which is reprinted in 'Physics Today', February 1950.)

Hermann Diels, *Die Fragmente der Vorsokratiker*. Weidmann'sche Buchhandlung, Berlin, 1903.

E. C. Titchmarsh, *Theory of Functions*. Oxford University Press, 1939.

José Ortega y Gasset, *La rebelión de las masas*. Espasa-Calpe Argentina, Buenos Aires-Mexico, 1937. (This edition is enhanced by a 'Prologue for Frenchmen' and an 'Epilogue for Englishmen'. There are translations of the book in English, French and German.)

图书在版编目(CIP)数据

自然与希腊人;科学与人文主义/(奥)埃尔温·薛定谔著;
张卜天译.—北京:商务印书馆,2020(2023.6重印)
(汉译世界学术名著丛书)
ISBN 978-7-100-18372-7

Ⅰ.①自… Ⅱ.①埃… ②张… Ⅲ.①科学史学—文集
②科学哲学—文集 Ⅳ.①N09-53 ②N02-53

中国版本图书馆CIP数据核字(2020)第069947号

汉译世界学术名著丛书
自然与希腊人
科学与人文主义
〔奥〕埃尔温·薛定谔 著
张卜天 译

商 务 印 书 馆 出 版
(北京王府井大街36号 邮政编码100710)
商 务 印 书 馆 发 行
北京新华印刷有限公司印刷
ISBN 978-7-100-18372-7

2020年6月第1版 开本 850×1168 1/32
2023年6月北京第2次印刷 印张 4⅝ 插页 1
定价:32.00元